面对家人的情绪勒索

安一心 / 著

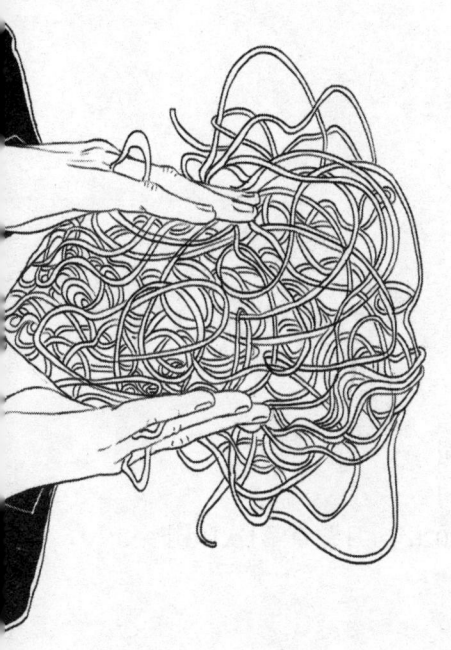

图书在版编目（CIP）数据

面对家人的情绪勒索 / 安一心著. -- 北京：华夏出版社有限公司，2020.1

ISBN 978-7-5080-9889-0

Ⅰ.①面… Ⅱ.①安… Ⅲ.①情绪－自我控制－通俗读物 Ⅳ.①B842.6-49

中国版本图书馆CIP数据核字（2019）第268864号

©安一心

中文简体版通过成都天鸢文化传播有限公司代理，经远足文化事业股份有限公司(快乐文化出版)授予大陆独家出版发行，非经书面同意，不得以任何形式，任意重制转载。本著作限于中国大陆地区发行。

版权所有，翻印必究。
北京市版权局著作权登记号：图字01-2018-6605号

面对家人的情绪勒索

作　　者	安一心
责任编辑	许　婷　王秋实

出版发行	华夏出版社有限公司
经　　销	新华书店
印　　刷	三河市少明印务有限公司
装　　订	三河市少明印务有限公司
版　　次	2020年1月北京第1版　2020年1月北京第1次印刷
开　　本	880×1230　1/32开
印　　张	7.25
字　　数	134千字
定　　价	42.00元

华夏出版社有限公司　网址：www.hxph.com.cn 地址：北京市东直门外香河园北里4号 邮编：100028
若发现本版图书有印装质量问题，请与我社营销中心联系调换。电话：（010）64663331（转）

测测看你是否容易被情绪勒索?

"你是容易被情绪操纵的人吗?"(每题 5 分,最高 125 分,最低 0 分)

	01 我应该要(总是在)取悦别人
	02 我需要别人的赞同 我觉得获得别人赞同是重要的
	03 我对别人如此周到,他们也应如此对我
	04 我没有自我认同感
	05 你们不应该拒绝或批评我
	06 拒绝别人真的很难
	07 我常常避免显露负面情绪
	08 冲突一定不会有好结果
	09 发生在我身上的事,其他人比我还更清楚
	10 我很在意别人的看法
	11 我习惯按照别人的要求去做事
	12 我容易觉得羞愧,对不起人
	13 我很依赖他人的决定
	14 我的价值取决于我服务多少人

15	人们喜欢我，是因为我有求必应
16	我很少去拒绝帮助他人
17	我很难自行做出决定 （做决定对我来说是件很难的事）
18	少了别人对我的看法，我就不太认识自己 （我在乎别人对我的看法）
19	当对方愤怒或充满敌意时，我很容易胆怯
20	我讨厌且极力避免发生冲突
21	我总想要把别人当好人看待 （我总是想在别人面前当好人）
22	我必须征询别人的意见后，才能做出决策 （我觉得考虑别人的意见之后再做决策是好的）
23	不要冲突，我习惯面带微笑，避免发怒
24	当别人焦虑的时候，我有责任帮他安静下来
25	如果有人发脾气，那一定是我的疏失 （如果有人发脾气，我总是觉得那是我的疏失）

测验结果：

- 65—100 分以上

这表示，你超级容易受到各种方式的勒索、操纵。你这辈子的人生有可能都是在为别人而活。操纵者对你，只要一个眼神或口令，你就一定被吃得死死的。

- 26—65 分

你可能已经经历了几段被勒索的关系，似乎逃离成功过，但在某些情况下，这些情绪勒索的"惯犯"还是很有机会牢牢操纵你的一举一动。

- 0—25 分

恭喜你，你不再是容易被欺负或下手的对象了。大部分你所处的氛围中，根本没有情绪勒索的字眼，但是你必须小心那些有高超技巧的情绪勒索者，特别是跟你关系最紧密的家人，他们总是会用一些无形的操纵方法企图拉扯你的资源，让你再次深陷。

请你再次检视你曾经打钩过的那些选项，然后好好调整自己的状态。

前言

练"心"：破解情绪勒索，做出有意识的选择！

嗨！我是安一心，我也是在情绪勒索下长大，和你一样。

数不清有几次，梦到自己困坐在考场里，一道题也答不出来，为了让父母有面子，为了当父母的乖小孩，甚至千方百计想要偷看隔壁同学的答案。虽是很多年前的事了，但那无法满足父母期待的罪恶感在梦境中丝毫未减，还是一样的挣扎，然后在惊吓中突然醒来，呼吸急促，心跳不止。

"我这样子是为你好，你怎么就不听话呢？"

"又不会害你，乖乖按照我们说的去做！"

"为你牺牲了这么多，怎么不体谅我们一点呢？"

从我还是个孩子，从我开始认识这世界，这些字句就支配着我，推着我向前，不管我情愿或不情愿。即使现在长大了，独立了，但一再出现的梦境很讽刺地反复提醒着我，那些字句和字句背后强大的力量，依然在操控我的人生。

爱是父母与子女间最纯粹的连接，也许父母并非以勒索为目的，有时他们未必知晓自己在做什么，也并非出于恶意，但身为绝大多数子女成长过程中"爱"的最大供货商，有意无意地将"爱"包装成可交换商品来营销，说出来的话变成无心的恐吓，若未能如其所愿，随之而来的愤怒与责骂就成为明晃晃的伤害。

我不想再重复考场噩梦了，我希望能有双大大的手，安抚我因惊恐而扑通扑通跳的心脏。

想逃、想抗拒，于是我去学习沟通技巧、表达能力、口才训练，同时开始内省、开始自我对话、开始上各式各样的成长课程，想象自己能疗愈过去的伤，催眠自己对类似的勒索产生抗体，准备好一旦类似的对话展开，借由表层理智话术和内层同理心的里应外合，讲赢父母师长。结果他们简单的一句"小孩子有耳无嘴，我是为你好"，就轻松摧毁了我所有的努力准备，什么招数都无用武之地。

进入职场后，一开始我选择逃离，用距离切断联结，能多远就多远，眼不见为净。虽然离开了家，但在工作上总是会投射出同样的困扰，习惯被情绪勒索的人，终究会不自觉地碰到相同的主管和老板，他们也跟我说：

"我都是为你好，你再努力点……"

"不认真点，就不属于我们的团队。"

为了生存，为了证明自己的能力，不自觉地被催眠，进入对号入座的模式，接受无止境的勒索，将一切合理化为进步的动力，不断、不断地往前再往前……

过去的点点滴滴，总是三不五时地跳出来干扰人生决策与亲密关系，再多的理智技巧也解不开情绪上的纠结。每每为了保全彼此的关系，就放弃自己的需求，久而久之形成痛苦与委屈的回旋，让双方关系掉入恶性循环，直到彼此不谅解而尴尬地结束，只好再逃到更远的他乡重新开始。

受了伤的孩子还一直在那里！还是那个只为换得父母的爱的孩子。只是对象换了，从父母变成老师、老板、老公或老婆。

这些年印痕般的伤害，给予我寻找保护的动力，引导我走上了疗愈之路。各式的训练，赋予我轻易破解情绪勒索的能力，也启动了我的个人防护罩，只要是有可能对我展开情绪勒索的人，我倾全力省思他或她讲的每一字每一句，全力防备。我以为我免疫了。

情绪勒索的"结"与"解"

直到有一天亲密的伙伴跟我说:"为什么你要对我情绪勒索?"我才突然意识到,我抗拒过去却怀抱着过去,虽然身为受害者,却也觉得情绪勒索非常好用,这个议题还有很多面向值得思考,我还没找到我内在的平安。

这才真正明白,"结"与"解"都在"原生家庭关系"的互动模式里,也就是与家人的人我界线,所有情绪上的勒索和被勒索都有密切的关联,于是我将这未解的习惯模式,"投射"于工作、生活、人际关系中。

我才开始了解,真正要修炼的是内在的那颗心,让心重新解构对外部讯息的辨识、收纳、解读和反应的流程,重新感受内在情绪能量被外界影响的起点、程度和变化。

外在只是外在,如何响应取决于自己那颗心的能量和状态。心稳定了,就不容易受到情绪勒索的影响,所以要"练心",让自己不带主观色彩地看见情绪勒索。做一个有意识的选择,而不是靠表面的技巧与手段。

情绪勒索曾经困扰着我,如果能将这些经验和过程,用以协助他人免于痛苦的情绪枷锁,会是多么开心的事。于是,我进一步取得国外心理治疗的完形治疗师资格,这些年来也开始在各大专院校、个人工作坊或在线课程,教授"情绪管理"课,分享破解情绪勒索的技巧。

不同于一般的教导,只片面于沟通技巧和概念上的了解,而是通过简单的练习,了解心的能量,借由内在情绪能量的稳定,让心在情感关系中更有力量地发展出一套快捷方式、公式和蓝图。

你会从本书学到什么?

谢谢你打开这本书,本书把家庭会遇到的情绪勒索,通过一章又一章的故事呈现眼前,又用一个个方法,依序教你如何破解面临的情绪勒索。这些工具简单却强而有力,可以让你用来提升自己的视角,不易坠入情绪的困惑,改善彼此的关系,以及为生命带来美好的转变。

每个人、每个家庭的故事情节看起来各自不同,内在的运作其实相当类似,具有可预测性,甚至能轻易了解到。亲情和情绪间的行为背后有一套潜藏的模式,我们只需知道该去哪里找出这套模式就行了。

本书有三个重点:

第一个重点是培养敏锐的"情绪探照灯",观照受苦的身心。

通过故事,一则一则的情境,让你内在模拟解读情绪上的粘连,帮助你在短短的三分钟,掌握亲情的互动,但不掉入漩涡中,以对等的高度与对方展开健康的对话，创造出良好的平衡互动。

第二个重点是以科学原理来建构情绪的稳定系统。

有良好的稳定心情才不会被外界轻易地晃动，落入负面情境中。我把这套系统称为"心锚定位"，心可以如船锚般稳定并持续地愉快着，也可以在脑海中创造更长久的愉悦情绪，仿佛自己有一个宽广舒适的能量海，即使一时暴雨骤风来袭，很快也会雨过天晴风平浪静。你如果想要更圆融的关系，就需要运用这些技巧。

第三个重点在于通过一步步练习，锻炼自己的心智。

让自我的心更加柔软而无为，伸展自己的视角和维度，掌握人我的界线和情绪能量流动的要领。你会开始散发快乐幸福的频率，让人皆醉于你的美好之境。这是最终极的层次，也是关系互动最进阶的一步。

学习情绪技能将改变你的人生，培养良好的情绪互动关系，将为你所有成功的关系添加催化剂。看完本书后，你将能够更靠近圆融美满的家庭关系。此外，拥有这份愉快的圆满做后盾，你也会在工作和生活中有更多的自信和魅力。

受伤的孩子永远在，而那个可以抚慰惊恐的人，就是你自己。做一个有意识的选择很简单，你欠缺的只是练习。

目录
Contents

第一章　我是为你好！

- 面对情绪勒索，你该怎么应对？ / 3

  (正念能量的心灵练习)

  学习先让自己安静下来 / 6

- 都是为我好吗？——如何意识到情绪勒索 / 8

  (正念能量的心灵练习)

  觉察自己 / 14

- 我对你太失望了！——有条件的爱让人窒息 / 16

  (正念能量的心灵练习)

  察觉呼吸和情绪的流动和关系 / 20

- 让你恐惧，无法自拔——高压的控制让人失去自信 / 22

  (正念能量的心灵练习)

  建立属于自己的快乐、有自信的动作或拥有令自己感觉幸福的物品 / 28

- 扭转不对等的权力关系——学会勇敢反抗 / 30

  [正念能量的心灵练习]

  正念呼吸减压练习 / 35

- 凝视善意——关系和解的开始 / 36

  [正念能量的心灵练习]

  学习用爱的视角或更高的意识看待 / 39

第二章 我会这样都是因为你们!

- 我是你唯一的小孩——予取予求只会带来无止境的妥协 / 43

  [正念能量的心灵练习]

  重建快乐心(新)画面 / 47

- 因为你们没有给我好的教育——如何看待对子女的亏欠 / 49

  [正念能量的心灵练习]

  拥有丰富资源的冥想法 / 53

- 这不是我想要的人生!——学习责任是有限度的 / 55

  [正念能量的心灵练习]

  请求给予正确指引的冥想 / 60

- 是爱还是伤害？——"妈宝"的养成我们都推了一把 / 62

  > 正念能量的心灵练习

  疗愈过去的创伤 / 66

- 我亏欠他太多了——物质不是爱的替代品 / 68

  > 正念能量的心灵练习

  让感情纯粹 / 72

- 让爱纯粹——试着回到初心吧！ / 73

  > 正念能量的心灵练习

  爱的练习题 / 74

第三章 新的人生选择，还是受困于父母吗？

- 如果你孝顺我的话，就应该……——被滥用的孝道 / 77

  > 正念能量的心灵练习

  我是我人生的导演 / 83

- 长大了翅膀就硬了吗？——如何面对价值观的冲突 / 84

  > 正念能量的心灵练习

  对家人说出不敢说的话 / 88

- 家业、家产还是家累——富二代家庭困境 / 89

  正念能量的心灵练习

  解开心中的枷锁 / 92

- 不结婚,就是不孝?——沟通才能带来改变 / 93

  正念能量的心灵练习

  转换对方的想法 / 97

- 以爱之名,禁锢亲情!——爱不是控制 / 99

  正念能量的心灵练习

  厘清爱与控制 / 102

- 放手,是给子女最大的爱! / 103

  正念能量的心灵练习

  放手,断妄念 / 106

第四章　婚后,面对第二个父母,你该怎么做?

- 你应该把我当成你妈一样!——如何拿捏关系界限 / 109

  正念能量的心灵练习

  赞美自己 / 113

- 你爱小孩，就应该……——不同教养立场产生的冲突 / 114

  (正念能量的心灵练习)

  帮情绪贴标签 / 118

- 不跟家里住，就离婚吧！——如何拒绝情绪勒索 / 120

  (正念能量的心灵练习)

  撰写属于自己的肯定句 / 125

- 这是我最后的愿望——用心平气和取代不甘愿 / 127

  (正念能量的心灵练习)

  身心的锻炼，可以快速调整情绪 / 131

- 不听我的话，就……——成为情绪勒索的帮凶 / 133

  (正念能量的心灵练习)

  事情发生时，我们都在场！ / 137

第五章　我们是家人吧……

- 就当作帮帮我——来自亲情的推销 / 141

  (正念能量的心灵练习)

  你有说不的权利！ / 146

- 都是一家人，就要互相帮忙？——放下受害者的心态 / 147

  (正念能量的心灵练习)

  采取任何行动前，先暂停三秒 / 150

- 小钱都要计较吗？——亲兄弟也要明算账 / 151

  (正念能量的心灵练习)

  与父母和解的冥想 / 156

- 回家过年是义务吗？——选择没有对与错 / 160

  (正念能量的心灵练习)

  搜集幸福，打造属于自己的幸福笔记本！ / 163

第六章　亲戚真的不用计较？

- 难道帮忙都是应该的？——面对"理所当然"的应对之道 / 167

  (正念能量的心灵练习)

  感恩一切人、事、物！ / 170

- 每天比来比去，不累吗？——长辈间的隐性竞争 / 171

  (正念能量的心灵练习)

  分享爱、分享幸运、分享幸福 / 174

- 你真的是我们家的人吗?——酸言酸语的应对之道 / 175

  > 正念能量的心灵练习

  找出其他优点! / 178

- 别这么不留面子吧!——把焦点定在事情本身上 / 180

  > 正念能量的心灵练习

  让语言纯正 / 182

- 事业有成,就要负担多一点?——来自金钱的考验 / 183

  > 正念能量的心灵练习

  祝福生命一切存在 / 185

第七章　从能量角度看情绪勒索

- 搞定情绪,我变得有智慧——从学员的心得说起 / 189
- 上演控制戏,掌握情绪的能量流动 / 191

  > 正念能量的心灵练习

  喜悦誓言 / 196

- 不求爱、不讨爱,而是成为爱本身! / 197

  > 正念能量的心灵练习

  成为爱的管道 / 200

- 境随心转，心随念转 / 201

  (正念能量的心灵练习)

  爱自己 / 205

- 走自己的生命之路！ / 206

  (正念能量的心灵练习)

  连接本源的冥想，让自己和世界充满能量 / 209

第一章

我是为你好!

"我是为你好!"是东方亲子关系中,最常见也最难解的一句话。

甚至可以说,东方亲子间的情绪勒索,都是围绕着这句话而来。

网络上有一个笑话说,"有一种冷,叫作你妈觉得你冷",其实就是这个概念。

所以,我们以这句话作为第一章标题,开展出情绪勒索如何影响我们的关系!

⋮⋮⋮ 面对情绪勒索,你该怎么应对?

从小,大部分的人都被要求要有好的成绩、好的表现,让父母可以在亲戚朋友面前炫耀,证明自己的小孩赢得过别人的小孩。父母却从未好好了解,孩子是不是愿意这样做,这真的是孩子们喜欢的事情吗?

回过头来说,我们每一个人都曾经面对过亲人的情绪勒索。小到生活琐事,大到人生规划,都有可能是勒索的事项。所以,我们要如何面对这样的情绪呢?

1. 我们要先辨识出:这是不是情绪勒索?

因为,并非亲人的每一句话都是勒索,有时候可能是善意的提醒。所以，辨识出是否为情绪勒索，就是你该面对的第一步！

既然叫作"情绪勒索"，那么对方在说出这些话的时候，通常是会有情绪性的感染，像是"你这样做对吗？""你这样做对得起我吗？""你伤了我的心！""我只是为你好！"等。

当你碰到这样的情绪渲染的时候，要在内心拉响警报，辨识这是不是情绪勒索。那如果当时你没有辨识出来呢？

这时候你就会陷入对方对你情绪的控制中，像是愧疚感、罪恶感、无力感等，也有可能是激起你的愤怒、你的冲动，当你发现自己有这样的情绪时，其实你已经落入情绪勒索的圈套中了！

当你顺利辨识出这是"情绪勒索"之后，你应该怎么做？

很多人辨识出来之后，就会和对方说："你这是在勒索我、绑架我，你这样做是错的！"然而，这么做只会得到更多情绪！双方一同淹没在无尽的情绪汪洋中无法自拔。

2. 你要相信，对方的发心绝对是为了你好！

你或许会说："怎么会为了我好？你不是说为我好都是情绪勒索？"

是的，当勒索方说为了你好，是为了让你往对方想要的地方走，但对方之所以会认为这样比较好，那是因为他深信："这样的规划对你比较好！"

所以不需要去否定对方的初心，但对方选择的方式，却可能不是你所需要的。所以，我们要肯定对方的初心，但可以商量用另外一种方式达成！

你可以说："我知道，你都是为了我好，我都明白！"

先让对方的情绪得到舒缓，让对方知道，你并不是否定他的心意，而是大家可以一起好好商量呈现的方式，心平气和地沟通。

当我们面临情绪勒索时，往往会跟着对方的情绪起舞，搞得自己筋疲力尽、两败俱伤。如果想要得到好结果，千万要保持心平气和。俗话有云："相骂没好话"，在情绪稳定的状态时沟通，才能得到最好的成效。

这时候，你可能会说："真有那么简单就好了！"

的确，关于"情绪勒索"这件事情真的没那么简单，所以接下来我会通过故事，一步步教导你如何真正面对情绪勒索。因为，唯有彻底解开情绪勒索，彼此的关系才能回到原点，回到最纯粹的关系！

学习先让自己安静下来

+

要如何做到心平气和？就是先让自己安静下来。

不知道你是否觉察到，当情绪来临的时候，通常心中都会有很多"小声音"，像是"他为什么要这样对我？""为什么要这样逼我？""我到底哪里做错了？"等。

而这样的小声音无助于解决事情，只会把事情弄得更糟而已。这时候就要对这些声音喊停，让自己真正安静下来。

然而，没有练习，一般人很难快速安静下来，这时候就需要一些方法，最简单的一种就是深呼吸。

练习

1. 当你遇到事情的时候，先让自己进行几次深呼吸。
2. 在心中对自己说：放轻松，平静下来。
3. 然后吸气，在心中默念：一、二、三、四、五。

4. 接着吐气，也在心中默念：一、二、三、四、五。

5. 将默念的数字慢慢拉长，像是原本三秒念完的数字拉长到十秒。

6. 慢慢地，你就可以感受到自己纷乱的心静了下来。

⁝⁝⁝ 都是为我好吗？——如何意识到情绪勒索

晴美愤怒地挂上电话，然后把手机摔在床上，一个人冲进了厕所，把沐浴的莲蓬头打开，把水往自己的头上冲刷，试图冷静自己的情绪，但仍浇熄不了她的怒火。

她一直回想着妈妈对她说的话，像是：

"我是为你好，如果不快点结婚的话，你会孤家寡人一个，到时候变成老姑婆！"

"你从小就是不听话，所以现在工作才这么不顺利！"

"如果当初听我的话，你现在一个月薪水应该就有七八千了！"

（编者注：为便于读者理解，全文已统一为人民币。特此说明。）

"你到三十岁了还只领个三千元，当初为什么不听我的话，我都是为了你好！"

想到这些话，晴美更加火大！为什么妈妈总是可以用"为了你好"这几个字不断伤害我,我到底是不是她的小孩?我到底做错了什么?几分钟之后,晴美蹲着大哭了起来!那时候,她觉得自己完全不被重视,只是妈妈手上的人偶,妈妈不断地操弄她的人生。

她已经数不清有多少次了。从小到大,她跟妈妈总是为了一些小事情大吵大闹,妈妈最后都会拿出"为了你好"的理由,逼迫她接受妈妈想要的结果。

初中的时候,妈妈要晴美去补习,她认为自己程度还可以,所以一直不愿意去,没想到妈妈硬是帮她报名了补习班,然后对她说:"我是为了你好,你以后就知道了!听妈妈的话准没错!"

高中的时候,晴美对历史、地理有浓厚的兴趣,但妈妈却跟她说选理工科系才有前途,逼着她选理科,然后要她补习英文、数学、物理、化学等科目,让她苦不堪言。

那时候,她对妈妈说:"我已经受不了这样的课业压力,我可以念文科吗?"

妈妈对她说:"你还年轻不懂事,未来理工科找工作比较容易!"

高中毕业后,晴美没有考上大学。于是她先去工作,第二年考了一个非全日制大学,念了商科,开始半工半读的生活。

这时候妈妈对她很不满,常常对她说:

"你这样怎么会有出息?"

"我跟你爸以后该怎么办?"

"我们为你付出了这么多,你怎么这么没有志气?"

最后,晴美终于受不了妈妈的冷嘲热讽,从家里搬出来自己住,但妈妈还是会通过电话、短信,想要晴美依照她的安排,找一个稳定的工作,而且还不断帮她安排相亲,希望她赶紧嫁一个有钱人家,好让生活回到正轨。

这一天,晴美的妈妈就是打电话给她,要她星期六回家去相亲。她觉得非常生气,就回了妈妈几句,妈妈就对她说:"我都是为了你好,我是你妈,我会害你吗?如果你不回来,那以后就不要回来了!"

听到这些话,晴美生气地挂了电话。大概半小时之内,晴美的电话响了十几通,都是妈妈打来的。晴美从浴室出来之后,发现这么多通"夺命连环电话",还有三四条短信,上面写着:"快点给我回电!你这个不孝女!""我还没说完,你居然挂电话!"看着这些短信,晴美苦笑着,不知道该说些什么。

如何觉察情绪勒索?

面对这样的亲情纠葛,有一部分人就会像晴美一样陷了下去,进入一种互相伤害的状态,双方把情绪无限渲染,然后互相攻击，到最后关系越弄越僵，彼此的感情也越处理越糟。等到回过神来，还不知道到底发生了什么事。

其实，这就是亲情间的情绪勒索。

在《情绪勒索》一书中就明确提出：

情绪勒索是宰制行动中一种有利的形式，周遭亲朋好友会用一些直接或间接的手段勒索我们，如果不照他们的要求去做，我们就有苦头吃了，所有勒索的中心就是基本的威胁恐吓。

依照这样的说明，我们可以清楚知道，所谓的情绪勒索，就是基于彼此关系的连接，对对方进行情绪性的绑架，从而希望能得到他们所冀求的结果。

想要从这样的情绪勒索中跳出来，第一件事情就是要辨识出自己所面临的状况，到底是不是情绪勒索？有时候，情绪勒索会以善意的建议出现；有时候，情绪勒索会以恶意的威胁出现。不管是哪一种形式，最终就是对方希望我们依照他的想法行事。唯有先辨识出情绪勒索的状况，我们才有机会从这样的混乱中逃脱！

情绪勒索的四种类型

在《情绪勒索》一书中，把情绪勒索者分为四种：施暴者、欲擒故纵者、自虐者、悲情者。

施暴者

施暴者就是直接的胁迫者,他们最明显的态度就是:要么就听我的,要么你就离开!就像晴美的妈妈一样,她对晴美的态度就是:要么回来相亲,要么就不要回来了!这就是典型的施暴者。

还有另外一种施暴者,并没有这么直接地用言语威胁,而是用无声的行动来代替,这样的施暴者就是消极施暴者。假设今天晴美的妈妈听到晴美不回来以后,直接挂掉了电话,然后就不回任何讯息了,这时候晴美妈妈就是消极的施暴者。

欲擒故纵者

所谓的欲擒故纵,就是为了达到某种目的,而想尽办法对对方好,好到让对方处于无法拒绝的状态时,再提出自己的要求,进而达成想要的结果。如果晴美的妈妈从小就对晴美很好,而且清楚地让晴美知道,如果晴美听话的话,就会一直有这样的好,这时候,晴美往往会因为贪求这样的好处,而接受妈妈的情绪勒索。

自虐者

自虐者顾名思义,就是通过虐待自己,迫使对方让步,接受自己的要求。举例来说,如果妈妈对晴美说,如果你不回来相亲,那么我就去死!这时候晴美会迫于妈妈的自虐行为,而接受妈妈的相亲安排，这时候晴美的妈妈就是自虐者。

悲情者

悲情者，就是故作悲情，令对方有罪恶感从而达成自己想要的结果。以晴美的例子来说，如果妈妈对晴美说："哎呀！我很失败啊！我没有办法让你过好日子，都是我的错！我想你也不稀罕妈妈的安排，所以才不愿意回来相亲。"这时候妈妈通过诉诸悲情，迫使晴美愿意回来相亲，就是使用了"悲情者"的手段。

为什么我们需要辨识出这些情绪勒索的模式呢？因为每一种情绪勒索的模式，都有不同的破解方法，唯有当自己清楚这些情况后，才会知道要如何破解！觉察出自己被情绪勒索，继而辨识出属于哪一种勒索模式，才能够进行下一步破解！

面对情绪勒索的第一个关键：觉察并辨识出情绪勒索的类型

觉察自己

+

现代人每天都有很多事情要忙,所以往往都在处理外在的事情,包括工作、家庭、应酬等。我们对于外在的事情了如指掌,却对自己的事情一无所知。

所以我们要把注意力拉回到自己身上,这样才能开始觉察自己,发现自己的存在。

这次我们从感官着手,让所有注意力回到自己身上。

1. 找一个安静的地方坐下来。

2. 然后告诉自己看到什么,像是我看到有一个时钟。

3. 接着告诉自己听到什么,像是我听到隔壁有人在吵架。

4. 最后告诉自己感觉到什么,像是我感觉屁股的重量压在椅子上。

  5.这时候可以重复步骤2—4，大概两次之后，就可以慢慢闭上眼睛了。

  6.这时候你可以继续重复2—4的步骤。(也许有人会疑惑，闭着眼睛怎么看东西，但其实这时候的看已经不是真正的看，而是用心去感受、去看。)

  7.你可以慢慢观察自己出现了哪些念头，这时候你就开始觉察自己了！

⋮⋮⋮ 我对你太失望了！——有条件的爱让人窒息

从小，大部分的人都被要求要有好的成绩、好的表现，如此一来，才能让父母在亲戚朋友间炫耀，代表自己的小孩赢过别人的小孩，却从未好好地了解，孩子是不是愿意这样做，这真的是他们喜欢的事情吗？

宇佑就是这样的一个小孩。

宇佑是单亲家庭的孩子，他的妈妈一个人要抚养宇佑，又要工作，可又希望宇佑不会因为没有父亲而输人一等，所以对小孩的教育非常重视，从小就想办法让他念好的学校、请好的家教，就是不想让小孩输在起跑点。因此，每次小考、月考，妈妈总是严格地检视他的成绩，如果没有达到九十分，就会被严厉地斥责。

她总是这样对宇佑说："宇佑啊！不是妈妈要这么严格，妈妈这是为了你好啊！我这是希望你将来能够出人头地，帮妈妈争一口气！"

宇佑听了这些话，总是有着满满的愧疚感。

那一年宇佑十四岁了，叛逆期的少年对于"考个好成绩"这件事，越来越没有感觉，于是他开始不看书，也不好好上课，成绩一落千丈。

这时候妈妈对他说："宇佑啊！你是要气死我吗？你看你的成绩，这样对得起我吗？你明明知道妈妈工作很辛苦，为什么你不能体谅妈妈的心呢？"

宇佑听了这些话，有着更深的罪恶感了。

于是，"我真的这么糟糕吗？""我是不是真的很差劲？""我是个坏小孩！""妈妈这么辛苦，我真的很不懂事！"这些话语，慢慢地不断渗透到宇佑的心中。平时，只要有任何事情不顺妈妈的意，妈妈就会大哭大闹，说自己很命苦，一个人赚钱养家，还碰到不懂事的小孩，这要她情何以堪？

不断处于这样的状态下，宇佑濒临崩溃的边缘，他不知道自己该怎么做才对，他想要自己做主，但是妈妈又一直告诉他应该要怎么做，如果不顺妈妈的意，她就会哀怨地说自己很命苦，不断加重宇佑的罪恶感。

遇到情绪勒索，快闪！

看到宇佑这样的状况，读者应该知道他碰上了妈妈的情绪勒索。如果对照上一章的四种类型，可以发现宇佑的妈妈，其实大多时候是用"悲情者"的方式来绑架宇佑，希望宇佑能够依照她的所想做事。所以悲情者会利用人们的同情心与罪恶感，来达成他们的目的。

因此，当我们碰到情绪勒索的时候，除了要觉察并辨识出是哪一种情绪勒索之外，有一件更重要的事情就是：远离现场！

为什么需要先选择"远离现场"？因为，当对方进行情绪勒索的时候，一定会想办法扩大情绪的感染力。

悲情者的情绪勒索

他们会想办法夸张自己的不幸，加深当事人的同情心与罪恶感，如果没法赶紧离开现场，我们就会陷入情绪漩涡当中，这时候就很难抽身。

自虐者的情绪勒索

这类人会用死亡、自我伤害的方式，让对方感觉到事情很严重，如果不顺从他们就会造成严重的后果。有时候，他们也会用"就是你害我"的角度来进行绑架。如果我们陷在这样的情绪当中，就会感觉到自己对不起勒索者，所以我们得做出补偿。当我们快速离开现场之后，就不会被这样的情绪所感染，自然就有机会把事情看得更清楚！

欲擒故纵者的情绪勒索

遇到这样的对象,我们很容易沉溺在对方的"好"当中,而认为自己应该要有所回报;如果我们不依照对方的想法行事,就会失去这所有的"好"。如果我们远离这样的诱因,以客观的角度看清楚戏码,自然就会破解这样的情绪勒索。

施暴者的情绪勒索

不管是面对积极或是消极的施暴者,他们的状态都会让自己陷入被威胁的感觉,他们就是利用我们的恐惧心理,来达成他们所要的结果。这时候我们更要远离情绪中心,想办法摆脱那样的恐惧状态,才能够清楚地看见:我们正被情绪勒索威胁着!

有时候,我们面临情绪勒索的时候,总是会害怕:万一我离开,这样对他(她)好吗?其实,快速离开情绪风暴中心,不管对自己或是对方来说,都是一个很重要的步骤,因为当我们面临情绪风暴的时候,对方通常是没有理性可言的,除非他们达到他们想要的结果,不然绝对不会善罢甘休。所以,如果面临情绪勒索,我们还一直坚持不退的话,到最后只会弄得两败俱伤。

面对情绪勒索的第二个关键:离开情绪风暴中心!

察觉呼吸和情绪的流动和关系

呼吸跟情绪有没有关系呢?我想一般人应该很难察觉当中的关联,但其实只要稍加注意,就可以发现这两者有很大的关联。

现在请你回想一下,当你恐惧害怕的时候,你的呼吸频率是如何呢?是不是急促而快速呢?

当你躺在按摩椅上,身心都处于放松状态的时候,是不是呼吸就会慢下来呢?这就是呼吸跟情绪之间的关系,而现在我想要请你重新体会一下。

1. 请你找一个你觉得舒适的地方坐下来。

2. 然后开始把呼吸的频率变得急促,感觉自己的呼吸声越来越大。

3. 回到正常呼吸状态，去感受一下自己的身体，是不是感觉到自己的身体变得紧张，心跳频率也会增加，情绪也开始有点暴躁起来。

4. 接下来把呼吸的频率拉长，感觉自己的呼吸越来越慢，这时候你会用到腹腔的力量，吸气量会变得充足。

5. 回到正常呼吸状态，感受一下自己的身体，是不是感觉到身体变得轻松，心跳频率微幅下降，情绪也缓和下来。

⋮⋮⋮ 让你恐惧，无法自拔——高压的控制让人失去自信

元谦害怕地走到爸爸面前，嗫嚅着对爸爸说："我这次考试只有六十分。"

一听到元谦的分数，原本在看报纸的父亲，缓缓地把报纸放下来，用严厉的目光看着元谦，对他说："你考这样的成绩，是要气死我吗？"然后拿起桌上的牌尺，直接往元谦身上打，一边打还一边说："如果你下次考不到八十分，就不用回家了，我当没你这个儿子！"

为了怕被父亲赶出家门，元谦很努力地学习，才最终考了八十分。这不是元谦第一次被父亲威胁了，当然也不会是最后一次！

元谦高中的时候参加了热音社（热爱音乐的社团），寒假时必须要在外面训练，于是他跟妈妈说："我想要去参加热音社的

寒假训练。"

妈妈说:"你要跟爸爸说,爸爸说可以才能去。"于是元谦还是硬着头皮去找爸爸。

爸爸一听到元谦要去参加热音社寒假训练,马上就跟他说:"不准去!"

这时候元谦的态度也很坚决,他说:"但我真的很想去!"

爸爸就"哼"了一声说:"可以啊!去了就不要回家!"听到这句话之后,元谦只好打退堂鼓。

大学毕业后,元谦顺利进入一家生物科技公司当研究员,跟另外一位同事逐渐发展出办公室恋情,当元谦觉得时机成熟了,就带着女朋友回家吃饭,介绍给爸妈认识。在这次聚会当中,爸妈表现出非常热情的态度,殷勤地招呼着元谦的女朋友,让元谦觉得爸妈应该是很喜欢这个女孩子的。

在吃饭的过程中,爸爸问了元谦的女友:"你老家在哪儿呢?爸妈在做什么?"

"我家住在云林,爸妈是务农的。"女友爽快地回答着。

一听到女友家里务农,元谦爸爸的脸色微微改变,但他还是维持表面的热情。

隔天,爸爸就问元谦:"你想要跟她结婚吗?"

"我是有这样的打算啦!"元谦腼腆地说,"你们觉得呢?"

"我不同意!"爸爸直接说了结论,"我们家好歹是书香世家,怎么可以跟务农的家庭结亲呢？"

"爸！你这样说太过分了！"元谦反抗道，"人家也是大学毕业，在生物科技公司上班啊！"

"但是他们家务农，这样的婚姻不够门当户对，结婚的时候我的面子往哪儿摆？"父亲喝了一口茶后说道，"总之，我不同意！"

"那如果我一定要结婚呢？"元谦坚决地说。

"那你就给我滚出去！我不会承认你是我儿子！我也会当没有生过你！我们家不会帮你出一毛钱，要结婚你自己想办法！"父亲比元谦更坚决。撂下这句话之后，爸爸就离开了，没有任何转圜的余地。

最后，元谦屈服了。

面对威胁，考验你的心理素质！

情绪勒索，一定要有一个勒索者和一个被勒索者。这场戏，如果只有勒索者，而没有被勒索者，就无法唱成。也就是说，情绪勒索是一个巴掌拍不响的游戏，所以当你被勒索的时候，通常也是你给了对方机会！

听到这些，你或许会想：等等！你说什么？我没有给对方机会啊！我是被勒索的人耶！

对！你没听错！就是你给了对方机会！但这不完全是你的错！只是你的身心状态，造成对方敢于不断勒索。或许你会问："面临情绪绑架的时候，不是每个人都会被勒索吗？"

当然不是！

在《情绪勒索》一书中，提出了容易被情绪勒索的几种性格：

- 极需要别人的认同
- 害怕别人生气
- 希望无论在什么情况下，都能维持表面的平静
- 容易为别人的生活负一些不必要的责任
- 极端缺乏自信，或经常怀疑自己的能力

极需要别人的认同

容易被情绪绑架的人，往往都是极度需要被认同的人。一般来说，需要被别人认同是很正常的情感，但是有些人是需要别人的肯定与认同，才能够肯定自己的存在，这时候遇上了擅长勒索他人的人，自然成为其囊中之物！

害怕别人生气

有些人，总是害怕冲突，只要有人生气，就会想要快速平

息不愉快。特别是华人社会当中，常常会有"以和为贵"的观念，所以往往都会想要快速平息对方的怒火，于是走向了被勒索的路。

希望无论在什么情况下，都能维持表面的平静

这一点在华人社会当中，也是特别明显的事情。华人往往不细究事情的本质，只希望能够获得表面的和平，所以常会被勒索。尤其在传统华人的家庭中，如果爸爸跟小孩之间有冲突，妈妈通常会扮演维持表面平静的人，希望小孩能够屈服，维持父亲的尊严，但这样的行为往往无法获得好结果，只会让父亲成为家庭的勒索者。等到小孩长大，可能会承袭这样的习惯，成为另外一个勒索者，不可不慎！

容易为别人的生活负一些不必要的责任

有些人非常容易自责，总认为自己需要负责许多事情，所以他们把别人的事情当作自己的事情，让勒索者因此有机可乘！在亲子关系当中，最常见的就是所谓的"孝顺"，特别是被亲情勒索的"孝顺"。举例来说，有些子女在讨论照顾父母的时候，常常会说："我是大哥，所以要承担大部分的责任！""我没有结婚，所以要承担照顾妈妈的责任！"因为有这种承担责任的莫名想法，所以常会成为被勒索的人。

极端缺乏自信，或经常怀疑自己的能力

极端缺乏自信的人，会想在每一个人的身上找寻自信，所以需要不断得到别人的肯定，仿佛别人多肯定一点，他们就更有能力一些。甚至因为没有自信，所以别人的一句话，就可以决定他们是上天堂还是下地狱，这时候就最容易被勒索。

当我们清楚地知道上述这五种容易被情绪勒索的心理状态时，就应该想办法提升心理素质，让自己可以拥有免于被情绪勒索的体质。

面对情绪勒索的第三个关键：提升自己的心理素质！

建立属于自己的快乐、有自信的动作或拥有令自己感觉幸福的物品

+

你是否曾经有过这样的经验，当你拿着某些东西，就会有一种情感涌现。举例来说，有些人喜欢抱着布娃娃睡觉，只要抱着那个从小到大一直在身边的娃娃，就会觉得有安全感，容易入睡。

这是因为我们的某些情绪会通过视觉、听觉或感觉，记忆在我们的大脑当中，当我们养成这样的记忆回路时，只要同样的东西出现，就能够快速唤醒那种情绪，让身心都处于那样的情绪当中。手势跟动作也是一样。

1. 找一个会让你感觉到自信的物品、手势或动作。举例来说，如果学超人的动作可以让你有自信的感觉，你可以把这个动作当作建立自信心的一个开关；如果手上拿着一枚小铜币可以让你觉得有自信，那就把小铜币拿出来当信物。

2. 寻找一个自信的时刻，想象那个有自信心的场景。

3. 然后想象那个自信从内心涌出，汇集到你的信物或动作当中。

4. 告诉自己：每当我做出这样的动作或拿出这个东西的时候，我会越来越有自信，可以克服任何困难，产生面对一切的勇气！

::: 扭转不对等的权力关系——学会勇敢反抗

昀臻的父亲是一位中小企业的老板,在经济腾飞的那段时间,爸爸累积了不少财富,也买了三四套房子,昀臻的妈妈则是学校老师,对于小孩的未来,也有不少期望。他们期待昀臻跟弟弟都能出人头地,比他们自己更加杰出、更加优秀,所以对他们的教育非常严格,除了要上才艺补习班之外,还要求他们的课业成绩都要达到全班前五名,否则就要受罚。

在这样的家庭教育下,昀臻渐渐地朝向父母期待中的"理想小孩"迈进,她乖巧而听话,一切唯父母之命是从,仿佛就是家里的芭比娃娃。职业高中选科系的时候,原本想要选择社会组的她,因为爸妈的一句话,改选了自然类组,很吃力地考上了物理治疗科系。

毕业之后,昀臻到了一家小诊所当物理治疗师,原本已经习惯了这样的平静生活，没想到三年之后，爸爸对昀臻说："爸爸老了，希望你跟弟弟能够回来接手我的事业！"

这时候昀臻的弟弟表达出强烈的反对意愿，因为他不想再当父母的人偶。于是爸爸威胁弟弟，如果他不愿意回来，那么将会断绝对他的经济援助，没想到过去一向怯懦的弟弟居然对爸爸说："那就不要再给我钱！我是不会回去接手工厂的！"

而昀臻则是对爸爸的要求一点也不敢反抗。因为她知道，现在爸妈一个月给她的一万元零用钱，让她能够不愁吃穿，还能过上不错的生活，如果少了这一万元，她的薪水又不到一万，那她肯定买不起那些名牌包、手表，更不用说每年换的新手机，在这样的压力下，昀臻屈服了。

最经典的对话就是："如果你不听我的话，我就把你丢掉！"

基于生存的压力，小孩选择屈从，但他真的认为这是对的吗？当然不！

面对不对等的权力，你可以反抗！

通常，我们对于权力的认知是来自父母，父母如何对待小孩，就决定了小孩如何认知权力。

如果碰到严肃、权威的父母，就容易有强烈的权力不对等感，也就是说，小孩常常会感受到父母所施加的压力，并且在生存压力之下，不得不对父母低头，容易养出极端的人格，不是过于退缩，就是个性叛逆，甚至有反社会人格。相反，较为开放的爸妈，父母、小孩双方的权力基础较为接近，这时候容易养出较有自己想法、个性的小孩。

但权力不对等，和情绪勒索有什么关系呢？

正因为权力不对等，所以身为权力较大的一方，就可以有机会以各种资源条件作为情绪勒索的本钱，也就是如果你不照着做，你现有的资源就会被剥夺，用这样的方式让你屈服。

难道是我不够好？

在不对等的权力关系当中，如果父母不断使用情绪勒索，子女的退缩个性更会加深，他们也会更没有自信。

我有一个朋友，他从小品学兼优，不但上了第一志愿的高中，也是医学相关专业毕业，这样的人应该是大部分人认为的典范吧！然而，他却总是认为自己不够好，能力远远不足，呈现退缩的状态。

是什么样的情况让一个这么优秀的人觉得自己"不够好"呢？

后来通过心理探索，才发现小时候的他并未受到长辈的疼爱，长辈把关爱都放在了弟弟身上。

有一次，弟弟故意把凳子踢倒，还诬赖是他踢倒的，后来他就被奶奶痛骂了一顿。经过几次之后，他的个性变得退缩，原本活泼的他，开始越来越安静，当然，也就越来越没有自信。

就如同我们在之前说的最后一种性格：极度缺乏自信。这种人容易成为被情绪勒索的对象。

当他发现这个问题之后，就开始调整自己的状态，找出自己更多的优点，然后试着学习多称赞自己，才慢慢建立起自信心。事实上，在不对等的权力关系中，当事人除了会没自信外，还有可能产生"想要息事宁人""害怕别人生气""需要别人认同"等想法。

面对不对等的权力关系所产生的状况，我们又该如何是好呢？

如果是在小的时候，当然只能想办法挨过权力不对等的情况，但如果长大了，就要意识到：我已经长大了！不再是那个没有能力安排自己生活的人，我要开始为自己负责。

面对这样的不对等权力，你必须反抗。反抗，才能让自己勇敢！

反抗，并不是故意制造冲突，而是懂得坚持站在平等的位置上。

当双方站在平等的位置上，我们才有机会理性地沟通对话。

如果能够理性沟通，就能够避免许多的情绪勒索！如果，你曾经感觉到没自信，或是需要别人肯定、害怕冲突，那么你需要的是更多勇气，而勇气来自你的自我肯定。

面对情绪勒索的第四个关键：成为一个勇敢的人！

正念呼吸减压练习

正念,不等于正向思考。正念是一种觉察,发现当下此刻的状态,因为这是状态,所以没有批判、没有对错,更没有评价。当你常常处于这样的状态,就不会老是批判自己,也就更能够从情绪勒索中脱身。

1. 每天空出 5 到 10 分钟的时间。
2. 把你的知觉带到呼吸上,去感觉吸气时的冷空气、呼气时的热空气,然后慢慢地把觉知带到身体的每一个部位。
3. 你可以感受到身体哪里僵硬了、哪里卡住的,感受到身体压在座位上的重量,感受到脚踩在地板上的接触感。
4. 感受到所有的专注回到自己身上,释放掉外在所给的压力。感觉压力随着呼吸,离开了自己的身体,被大地母亲所净化。

⋮⋮⋮ 凝视善意——关系和解的开始

很多人面对情绪勒索,都会问自己对方到底是不是我的亲人,为什么要这样勒索我?

就像是之前故事当中提到的晴美、宇佑、元谦、昀臻等人,在那个当下,他们都一定觉得很委屈,觉得是不是自己有问题,是不是因为不被爱了,所以父母才这样无止境地通过情绪绑架让他们去做他们不愿意做的事。

但我得说,不是的!他们真的不是故意的!

有可能是与生俱来的个性,也有可能是被世俗所教导的结果,甚至他们可能就是被情绪勒索长大的人,在无形当中认为这样的方法有效、好用,所以持续使用这种方式对待下一代。

你说他们是故意的吗?或许他们也只是被情绪绑架的可怜人。

不过，在他们勒索的背后，一定有股善意。

那是发自内心的"为你好"，他们真的认为你只有这样做，才能更好。

就像是晴美妈妈一样，她一定是真心认为嫁一个好归宿，人生就会幸福，才会千方百计地让晴美去相亲。

以元谦来说，他爸爸一定希望元谦未来能够幸福，所以依照过去自己幸福的公式，来套到元谦身上，让他也因此而得到幸福。这样的出发点、这样的善意，绝对是不能够被磨灭的！

或许你会说：难道因为这样的善意，我们就得不断地被勒索吗？

当然不是！而是我们必须要凝视对方的善意，然后努力去改变他们的想法。

以晴美来说，当她面对这样的压力时，或许可以对妈妈说："妈！我知道你很担心我，对吧？我知道你是为了我好，怕我以后孤单寂寞，没有人在身边陪我，哪天你们离开了，就会剩下我孤单一人。我知道你心里着急。"

这样晴美就会让妈妈知道：我注意到你的感觉了，我确实知道你是为了我好！

"但是，婚姻并不是幸福的保证。我相信我们身边有很多人结婚后很幸福，但也有人并不快乐！所以，我就是希望能够幸福快乐，才会对婚姻更加谨慎！我相信你也希望我快乐，对吧？总之,我会想办法让自己幸福的!你也好好安心。"听到这段话,我相信晴美妈妈也不会再继续强烈地勒索,或许还是会唠叨,但你就当作长辈的一种关怀方式吧!

所以,面对情绪勒索,我们要做的事情,并不是跟对方大吵大闹,也不是丢一本情绪勒索的书,告诉他:你这是在勒索我!更不是用激烈的方式对待对方,伤害彼此的关系。

要凝视对方的善意,找到对方真正担心的点,那就是对方的心结所在,针对那个善意,释放出更多的同理心,表达出明白对方的心思,同时可以一起讨论出新做法的想法,这样才能够真正让自己逐步脱离被情绪勒索的状态。

有时候,面对自己长辈的无理要求,需要更多时间与其沟通,甚至你需要教育他们,不断地灌输他们新的思维,才能逐步改变过去的相处模式,降低被情绪勒索的次数,让彼此的关系更加纯然,回到真正的"爱"上!

┈┈┈┈┈ **学习用爱的视角或更高的意识看待** ┈┈┈┈┈

+

当你站在善意的角度,可以看到一切丑陋行为的背后,其实都有着崇高的善意,这就是爱的角度。

所以当你可以凝视善意,看穿对方真正所期望的一切,就能够更客观地面对情绪勒索。

1. 想象前面有四个圈圈,分别代表不同的角色:我、你、他与"神"。

2. 站到"我"的圈圈面前,感受当下你所承受的情绪及你所想的事情,然后记录下来。

3. 站到"你"的位置,也就是对方的位置,去感受一下对方的想法,他是不是充满着惶恐与不安,还是情绪有点失控?

4. 站到"他"的角度，去观察"你"跟"我"之间发生的事情，用客观的角度来思考事情。

5. 接着，站到"神"的位置去看待这件事情，如果你现在就是全能的"神"，你会怎样从爱的角度出发，去处理这样的问题？

6. 最后，再回到"我"的位置，看看自己对于事情是否有不同的想法了？是不是更清楚知道自己该怎么做了？

第二章

我会这样都是因为你们!

除了父母会情绪勒索小孩,其实小孩也会情绪勒索父母。

在许多社会新闻里,有些小孩因为父母的溺爱,最后成为伸手族,如果父母没有给他他想要的一切,他就会开始情绪勒索父母,让他们屈服!

这也是一种严重的情绪勒索。

第二章　我会这样都是因为你们！

::: 我是你唯一的小孩——予取予求只会带来无止境的妥协

看着一张张讨债的信件，从两万到二十万不等，让彦富的愤怒到了最高点，他看着自己的工资账户，一个月一万多的薪水，这其中最少有一半得帮儿子去还债，但他自己还要缴纳房贷、生活费，等等。

没多久，彦富的独生子进门，喝得醉醺醺的，他摇头晃脑地走到彦富面前，大声说："爸！我要三千元生活费！"

彦富一听就很不开心，于是就数落儿子："你都已经大学毕业两年了，怎么还不去找工作，反而在外面欠了这么多钱！"

彦富拿了三四张讨债的信件，丢在儿子面前。

"哎哟！爸！"儿子断断续续地说着，"你……你又不是没……没有钱！我……知道，我知道你的银行账户……还有……还有五六十万啊！"

"那是我跟你妈的养老金啊！"彦富大吼道。

"哼！"儿子没好气地说，"我是你们的独生子，这些……这些钱到最后……还不是要给我？我只不过是……先拿遗产而已啊！"

这段话让彦富更加怒不可遏，就直接打了儿子一巴掌，儿子一气之下，也不管自己喝得醉醺醺，立刻夺门而出，然后直接从三楼摔到了二楼，痛得开始呻吟大叫。

彦富心疼不已，于是急忙走到儿子旁边说："没事！我送你到医院去。"

"那我欠的钱呢？"儿子仍记着他的债务。

慌乱中的彦富对儿子说："爸爸来想办法！"

最后，彦富还是帮儿子解决了那些债务，没办法，因为那是他的独子啊！

溺爱孩子的父母，往往容易被情绪勒索

有时候在商场，常常会听见小孩跟父母要求买东西，有些小孩听到父母说不可以，就生闷气，但也有小孩开始吵闹，势必要弄到爸妈受不了之后，只好买给他。像这样的情况，父母就是被小孩情绪勒索，为了要安抚小孩，不让小孩吵闹，每次都满足小

孩当下的欲望。当小孩年纪渐长，就会开始吵闹要更多的东西，原本是小玩具、食物，到后来可能就是手机、电脑、电视，甚至最后胡乱花钱，都要父母买单。

不知道读者有没有发现，其实小孩子要玩具、要糖吃时，通过大吵、大哭、大闹等模式来进行，就是在对父母进行变相的勒索，通过父母不想丢脸、不想让小孩出丑的心理，利用父母想要妥协的心情，来达到自己的目的，其实这就是一种情绪勒索，而父母常常被这样勒索而不自知！

而这样的妥协，还出自另外一种状况，就是溺爱。溺爱小孩的父母，最常见的就是有亏欠、弥补的心理。

曾经听过一则案例，有个小孩从小就用好的、吃好的，鞋子要穿知名品牌，衣服也要穿知名品牌，冰激凌要吃外国牌子，仿佛就是一个有钱人家的小孩，后来才发现，原来他是一个单亲家庭的小孩，所有的开销都是妈妈辛辛苦苦帮人家打零工、洗碗洗衣服赚来的。

妈妈觉得自己没有给小孩一个完整的家庭，没有时间好好陪伴小孩，认为自己亏欠小孩太多，所以就用金钱来弥补。等到小孩走上社会之后，发现钱不好赚，就回家让妈妈养自己，还让妈妈借钱给他创业，当然最后也是血本无归。

还有一种状况，就是父母只专注在事业上，忽略了对小孩的关心，所以对小孩的索取就会没有抵抗力，到最后就变成溺爱。

如果父母没有适时地给小孩他想要的一切，小孩就会开始吵闹，甚至要挟父母，一心要从长辈身上弄到钱！

想要处理好这样的状况，父母必须要认识到：不能让小孩予取予求。这得从小就做好基础教养工作，必须正视小孩的需求，给予其关心、爱与支持，而不是拿物质充当感情的替代品。如果小孩想要通过吵闹获得物品，必须要无视小孩的吵闹，理智地跟小孩对话，否则一旦第一次妥协了，接下来就会有第二次、第三次，最终就成了一种恶性循环。

因此想要真正处理好亲子之间的情绪勒索，必须要在子女还小的时候，就认知到彼此的相处模式，而不是等到尾大不掉时再来处理，那可就为时已晚了！但如果是现在才发现过去做错了，应该要怎么办呢？

正念能量的心灵练习

重建快乐心（新）画面

有些人在面对家庭问题时，常常会有负面阴影，最后为了逃避阴影，干脆不面对，但逃避无法解决问题，只有好好面对才有可能让事情真正过去。要如何建立心（新）的画面，让自己开心快乐地面对一切，就是一件很重要的事情。

练习

1. 在心中回忆并挑选一个过去让你很快乐的事件。

2. 重新回想这件事情，包括人、事、时、地、物与当下的感觉，都要完整地复制，在脑海中重新演过一遍。

3. 在你感觉到开心的时候，把左手的食指压在大拇指上，直到快乐的感觉逐渐消失才放开。（小提醒：不是一定用这个动作，可以换成任何你想到的动作。）

4. 试试看，当你把左手的食指压在大拇指上的时候，是不是会出现快乐的感觉,如果出现了就代表重建快乐心(新)画面成功了。

5.如果没有出现快乐的感觉,可以重新操作,直到感觉出现。

找到快乐,比逃避更有用。

∷ 因为你们没有给我好的教育——如何看待对子女的亏欠

就如同我们之前说的，容易被情绪勒索的人，往往具有一些心理特质，像是有自卑感、没有自信，有亏欠感、罪恶感，想要息事宁人等，但这样的心理特质并不是一朝一夕养成，而是长久累积的结果。如果现在已是既成事实，我们又该如何面对呢？

月萍小的时候家境并不好，因为爸妈是做小吃生意的，所以常常需要她帮忙，下课之后就要在摊位上忙进忙出，等到收摊之后就已经很累了，无法好好复习功课，当然成绩也就没有那么好。

而坐在她旁边的铃羽则不一样，她的爸妈都是老师，向来重视小孩的教育，铃羽下课之后就去学习才艺、去补习班，所以铃羽考试常常是班上的前三名。

考高中的时候，月萍因成绩无法上公立高中，只念了一个夜间部高中，白天还要打工赚零花钱，大学也只是考上了夜间部大学,她毕业之后就进入一家小公司当会计。而铃羽从师大附中毕业后,考上台大财经系,后来远赴国外留学,取得了知名大学的硕士学位,现在担任某外企公司的财务主管。

某次的同学会上,月萍见到了铃羽,看到她的耀眼成就,心中不免感到非常不公平。

"为什么我没有这样的机会,都是因为爸妈的关系,我才会这样!"

回到家之后,月萍越想越不甘心,莫名其妙地对爸妈怒吼了一顿,认为都是爸妈的关系,所以自己没有好好地受教育,出路才会如此受限。此后,只要是工作上有任何不顺遂,月萍就会责怪父母,认为都是他们害自己没有好的工作、过上好的生活,所以他们要负起所有责任!

这时候,爸妈已经攒下了一些积蓄,便用钱来让月萍消气,而这招的确很管用,每次只要给钱,月萍就不会继续发飙。

"但这样真的对吗?"月萍的父母虽然这样想过,但金钱似乎可以平息月萍的怒气,所以也就一直这样苟且下去。

生命的旅程,没有好坏!

在人生的路上,并不是每个人拥有的资源都一样,所以不是每一个人都能受到好的教育,但没有好的教育环境,不代表你一定不会取得成就或好的结果。以少女慈善家沈芯菱来说,她的家境并不好,家人只是贫穷的摊贩,但是她从十一岁开始投身公益,十七年来就支出了超过一百八十万的金额,还是台大硕士毕业,她没有因为贫困而认为自己"不可能",也不放弃自己。

一个人的生命历程,都是属于自己的独特经验。这世界上没有一个人会跟另外一个人有一模一样的经历,所有的体验,都是上天独特的礼物。所以,不需要去把自己的人生跟别人做比较,更不需要因此而责怪父母。

但如果是爸妈遇到了这样的状况,应该要怎么处理呢?首先,不要让子女予取予求,中止这样的坏习惯。再来就是好好跟子女谈谈,他真正想要做什么,然后一起探讨如何去做,这样才能真正帮助到他,而不是被子女的情绪带着跑,然后就很自然地被勒索了。

那么,该如何真正做好沟通呢?这时候可以理智地跟小孩分析,问问他有什么样的优势、劣势?他面临什么样的威胁?而又有哪些机会在等着他?也就是通过商业管理的SWOT分析模型,帮助他了解自己。等到小孩知道自己真正想要做什么之后,就可以告诉他,他有哪些能力需要补足,现阶段父母可以通过哪些资源,来帮助他获取这些能力,这样才算真正帮助了他,光是给钱是无法真正解决问题的!

最后，父母要告诉小孩：即便没有资源，这也只是生命的上半场。如何开创自己的资源，如何拓展自己生命的宽度，则是人生下半场的课题。虽然上半场并不精彩，但可以通过自己的努力，让生命重新开始，在下半场反败为胜，成为自己生命中的赢家！

拥有丰富资源的冥想法

+

我们如何看待这个世界,就决定了这个世界如何被我们所运用。这世界的资源其实取决于你如何看待它。如果你认为这世界有的是资源,那么资源就会慢慢地不断出现,你也会越来越有自信可以找到资源。

所以,相信这世界是富足、不匮乏的就很重要,因此需要练习"拥有丰富资源的冥想法"。

1. 找一个你觉得舒适的地方,然后安静地坐下来。

2. 把自己的呼吸调整均匀,让自己越来越放松。

3. 想象你身处在一个资源丰富的世界当中,你想要什么东西出现,这东西就会出现。

4. 想象所有的资源是一道光,这道光从天而降,灌入到你的身体当中。

5. 然后对自己说：我活在一个资源充足的世界中，当我需要资源的时候，资源就会出现。

心灵的富足，会让你找到生活的富足。

⋮⋮⋮ 这不是我想要的人生！——学习责任是有限度的

承仪从小就乖乖的，一路依照父母的期望，考上了建中、台大，是父母心中的骄傲，走入社会之后，在父母的安排下，他进入亲戚的公司上班。工作几年之后，承仪突然觉得自己总是被人安排，而这不是他想要的人生，所以他萌生创业的想法，但"月光族"的他，手上根本没有什么存款，他就把脑筋动到爸妈的身上。

某天晚上，他回到家，对妈妈说："妈！我觉得一直帮人家上班也不是办法耶！"

妈妈好奇地问："怎么说？"

"我觉得人生就应该要冒险，所以我想要自己创业！"承仪豪气地说着。

"但是你没有创业过，这样好吗？"妈妈担心地说，"你在姑丈的公司上班好好的,都已经做到经理了,为什么突然说要创业?"

"所以,妈妈你是反对我创业,追求自己的人生喽?"

"妈妈不是那个意思!"

"算了!反正你们就是这样看不起我,我干脆不要回来好了!"承仪拍了一下桌子,准备转身离开。

"等一下!"妈妈无奈地说,"你要多少?"

"不多,七十万就能开一个茶饮店了!"

"什么,七十万!"妈妈对他说,"我们找你爸商量一下好吗?"

"好啊!"

两人来到父亲的书房后,承仪就对爸爸说明了自己的想法,爸爸一听,极力反对。

"承仪啊!你没有创业过,不知道创业的辛苦啊!"爸爸苦口婆心地说。

"你们也没有啊!为什么会知道创业很辛苦?"

"我们看你姑丈一路是用性命在打拼,才有今天的一番成就啊!所以我们很清楚。"妈妈说。

"所以你们这是不相信我可以好好打拼喽?"承仪挑衅地问着。

"这……"爸爸为之语塞。

"反正你们就是不相信我啦！"承仪故技重施，准备转身离开。

一看到承仪要离开，爸爸只好说："好吧，你需要多少？"

"我需要七十万的加盟金！"承仪兴奋地说道，因为他知道目的快要达成了！

"但我们家只有五十万的存款。"爸爸无奈地说着。

"那就让妈妈去想办法，凑凑就有二十万现金啦！"

听到承仪这样说，妈妈不禁有点心碎，家中的存款本就是他们以后的养老金啊，现在又要想办法凑钱。看到妈妈忧心的表情，承仪知道妈妈的想法，就对妈妈说："反正我一定会赚钱啊！我赚到钱马上就还你啊！不要担心啦！"

就这样，承仪最终从爸妈身上拿走了七十万现金开始创业。

过度保护让孩子失去负责的能力

不知道读者对于养小孩的观念是什么，是不是认为要尽全力给小孩最好的，这样才是好的爸妈？对于父母来说，这是理所当然的事情，但这真的会有好的结果吗？那可就不一定了！

我曾经听过一些有趣的案例，父母想要给子女最好的一切，从小到大上最好的学校、请最好的老师，就是为了不让小孩输在起跑线上,他们觉得这是为人父母的责任。直到小孩进入社会,他们还是一直关心小孩的工作状况,想办法为孩子寻找更好的工作机会,希望能安排孩子的一切,对他们来说,这就是身为父母的责任。

结果,小孩却因此而沉沦了。

子女不需要担心,因为爸妈都安排好了;

他们不用思考,因为爸妈都想好了;

他们不需要烦恼,因为爸妈会打点好一切。

如果他们还是不顺心,那又是谁的责任呢?

当然就是爸妈了!所以他们最后会回过头来勒索父母。

别在慌乱中做决定!

在第一章提到一个很重要的观念,就是当情绪勒索发生时,一定要懂得辨识。如果确定这是情绪勒索,千万要赶紧离开风暴中心。

而当你陷入风暴的时候,情绪波动一定很大,双方都处在剑拔弩张的状况下,往往就会选择"要"或"不要"、"行"或"不行",但这样的二分法绝对不是最好的解答。可惜处于风暴中心的你,已经无法辨识这到底是不是最好的结果,甚至往往会做出错误的决定。所以，当你进入被情绪勒索的状态时，绝对不要做决定！

那么，该在什么时候做决定呢？

当你退出情绪风暴中心，经过深思熟虑与分析目前的情况之后，通常就会看到更多新的路，这时候才开始跟当事人沟通对话，然后再做决定！以刚刚承仪的例子来说，承仪一直认为他只有创业，才能走出自己的人生。这样的想法对吗？当然不完全对！

首先，走出自己的人生，一定要创业吗？不一定吧！

如果创业是小孩的重要梦想，那么就要问小孩："你真的了解你要进入的产业吗？"

以承仪来说，他想要做茶饮店，那么他有做茶饮店的经验吗？是不是要先去茶饮店工作半年，再来决定要不要进入这个行业呢？因为有太多人想要创业当"现成的老板"，却没有实务经验，最后落得负债累累。

通过这样的案例分析，我们可以清楚看到，这时候父母需要做的事情，不应该是成为子女情绪的绑架对象，而是去帮子女分析目前的状况，然后给予支持，这样才对小孩最好！

正念能量的心灵练习

请求给予正确指引的冥想

我们每天都在做决定。从早餐要吃什么、中餐要吃什么、等一下要喝什么、开车走哪条路比较近等这些小事，到公司要选择哪些供货商、如何进行营销策略，我要不要跟这个人结婚、我要不要生小孩等大事，都要做决定。

每一次的决定，都会左右我们的未来，所以需要更多的灵感来协助我们。

练习

1. 找一个你觉得舒适的地方，然后安静地坐下来。
2. 把自己的呼吸调整均匀，让自己越来越放松。
3. 想象你身处在一个资源丰富的世界当中。
4. 想象有一个人出现在你的面前，他无所不知、无所不晓，可以协助你做出最好的决定。

5. 然后想象他所建议的每一个方法,都是最适合你的决定。

6. 告诉自己:我遵从最高意志的指引,做出了这样的决定,无怨无悔。

下决定的时候,不要急躁,试着倾听心灵内在的声音。

是爱还是伤害？——"妈宝"的养成我们都推了一把

有时候，在小孩的成长过程中，爸妈会因为自己没有陪伴在侧，就用物质来补偿，但这样的亏欠补偿未必都发生在小时候，也有可能发生在小孩长大之后。

承仪拿到了七十万之后，开始准备创业，他在家附近找了一间店面，接受了加盟总公司的简单训练，茶饮店就正式营业。刚开始，因为是自己的店面，承仪非常认真工作，但是做服务业根本没有周休二日、没有朝九晚五，所以渐渐地，承仪觉得非常辛苦，于是他又来找妈妈了。

"妈！"承仪对妈妈说，"你可以来店里帮我忙吗？"

"什么！"妈妈说，"但我还有工作耶！"

"那就把工作辞了啊！"承仪对妈妈撒娇，"我会给你工资啊！"

"但我一个月工资有一万耶……"妈妈有点不太高兴地说,"你能给我一万吗?而且茶饮店里要站一整天,你妈我年纪大了,真的做不来!"

"你就是不愿意帮我,反正我在你们眼中也只是个不会创业的人!"承仪有点生气地说。

"好!好!别生气!"妈妈无奈地说,"你需要妈妈帮忙多久?"

"当然是等我的店走上正轨啊!"承仪理所当然地说着。

于是妈妈递上了辞呈,被主管挽留了,但妈妈很坚持一定要离职,所以主管决定先让她停薪留职。

妈妈开始在茶饮店上班,店内的大小事情都是妈妈在处理,根本不需要承仪操心,承仪觉得自己开始像个老板,可以过上老板的生活了!于是常常睡过头不来上班,要不就是跟朋友出去玩,起初三天两头告假,之后就根本不来,全靠妈妈帮他才撑了下去。

偶尔,妈妈在夜深人静的时候会想:自己是不是太溺爱承仪了,所以才会让他一直予取予求?

停止予取予求,才能终结恶性勒索

所谓的勒索,就是绑架了某些人,对方会付出赎金、付出时间、付出劳动,甚至付出一切。所以要中止勒索,就要中止这样的行为一再出现。

为什么承仪敢一再勒索妈妈？因为他很清楚地知道：妈妈就是他最容易勒索的对象，所以不勒索她勒索谁？当妈妈一再妥协，承仪就知道，这样的勒索有用！有用的事情重复做，通常都能收到同样的效果！

想要中止这样的状况，唯有你先喊"停"。

说穿了，对方怎样勒索，你就怎样执行，这其实是一种逃避。你害怕如果拒绝对方，对方就会不理你，就会跟你断绝来往，就会不愿意跟你继续这样的关系，因为你们的底线就是"关系"！

但是，这样被勒索下去，关系就会好吗？当然不会！那只是一种表面的和谐，只是自我欺骗的结果，用妥协来换取短暂的和平，无非一种表象，是自欺欺人的产物！所以，你必须要正视事情的核心！

已故的圣严法师曾经提出面对事情的十二字诀："面对它、接受它、处理它、放下它。"

所以当自己被情绪勒索时，一定要懂得面对，不是妥协，不是被迫接受，而是赤裸裸地面对事实：对方利用"关系"在勒索我，但我不能被勒索！然后你就要接受：对方之所以敢勒索你，就是因为你在乎，必须要接受你在乎的事实，同样也必须要接受对方可能不在乎的事实，因为不在乎，才会拿来当利用你的筹码。

接着，你就得运用自己的智慧来处理它，最后才是放下它。而要怎么处理并放下，这就因人而异了，但有几个原则必须要注意：

保持冷静

在情绪勒索的当下，如果双方都陷入了情绪状态，那就没有对话的可能，应该在冷静的情况下，好好地进行对话，这样才能拥有好的沟通质量。

寻求双赢

当进入勒索状态，通常是一方赢一方输，但没有任何一件事情，是无法好好讨论，好好寻求双赢结果的！任何事情都可以双赢地去解决，而这只有经过冷静分析才能做到。

保全关系

我们之所以陷入情绪勒索，是因为我们在乎这段关系，所以一定要在关系健全的前提下，去处理好事情。

最后，就是放下这段情绪勒索。很多人会在很久之后，关系已经转变了，在当事人面前又反复提到当时被勒索的情况，但这样并无意义，所以事情过了，就要放下，才不会损害彼此的关系！

疗愈过去的创伤

+

有时候,我们会被同样的情绪所牵引,是因为昔日曾受过这样的伤害,却没有好好地对待、疗愈,所以就算伤口看上去结痂了,里面的伤口却仍在淌血。唯有把结痂的地方打开,好好地重新上药,让伤口真正完全恢复,才能够让过去的创伤止血,让过去的记忆不再影响未来。

1. 找一个你觉得舒适的地方,然后安静地坐下来,闭上眼睛。

2. 调整自己的呼吸,让自己越来越放松。

3. 从最容易刺激到你的情绪当中,去找出过去有哪些类似的情况,像是"我之所以感觉到悲伤,是因为我曾经目睹好朋友在我面前离开这个世界。伤口不曾疗愈,结果让伤口持续影响我后面的人生"。

4. 当你找到情绪最强烈的事件时，去想象有一道治疗的光从天空流淌下来，包围着你的全身，不断地把过去的情绪带走，让你的情绪伤口逐渐恢复。

5. 告诉自己：我可以疗愈所有的不好情绪，让自己越来越好！

⋮⋮⋮ 我亏欠他太多了——物质不是爱的替代品

耀雄是一个单亲爸爸,他独自抚养两个小孩,虽然自己开公司赚了很多钱,但也因此忽略了对小孩的关心,只想着用物质、金钱来满足小孩。

他最常说的话就是:"我亏欠小孩太多了,所以我要好好弥补他们。"也因为这样,小孩花钱不知道节制,才上大学就有奔驰车代步,出入也都是好的餐厅。

最近耀雄的公司遇到危机,营业额开始下降,原材料成本越来越高,耀雄的收益不如以往,给小孩的零用钱也就减少了,却没想到引发了一场家庭大战。

某天晚上,他把两个小孩找来,对他们说:"那个,有一件事情要跟你们商量一下。"

"什么事?"小儿子吊儿郎当地问着。

"最近爸爸的公司有点问题,利润越来越低了,所以你们的零用钱要少给一半。"耀雄对两个小孩说。

"什么!"大儿子马上发难,"这样一个月少一万耶!我们怎么够花?"

"对啊!"小儿子接着说,"当初你说好的,现在说话不算话?"

"但就算只剩下一万,对大学生来说也是很够用了啊!"耀雄有点不高兴地对两个小孩说,"我的员工也才领不到两万元工资,是我给你们太多了!"

"但我们是你的小孩耶!"大儿子不悦地说,"怎么拿我们跟你的员工比!"

大儿子刚说完,小儿子马上说:"你不是说那些钱是补偿我们的吗?你说要补偿没有好好陪我们长大的损失,现在又说话不算话了!"

最后,大儿子跟耀雄说:"如果你不给我们钱,那我们就到你的公司捣乱!"

听到这些话,耀雄突然间像是泄了气的皮球一样,看着两个小孩,不知道该说什么才好,这样补偿他们,到底是对还是不对?他也没有答案。

爱才是对孩子最好的补偿

有一些父母，因为在小孩成长期间，并没有在身边好好陪伴他们，所以认为以后可以用物质、金钱来代替爱，但却不知道：物质的富足并不能解决精神的匮乏，只是一味地用金钱满足子女的物质欲望，喂不饱他们饥饿的灵魂。

如果过去都是用这样的方式对待小孩，一旦让小孩养成了不好的习惯，自然就很难在短时间内改正，但不能因为没有办法改正，就让小孩一直勒索父母，这并不是一个好的解决方法。

那么，父母应该怎么做呢？当然是用爱来填满啊！

想想看，自己有多久没跟小孩好好吃过一顿饭？有多久没跟小孩一起旅行？有多久没跟他们一起做手工？如果你根本都没有想要好好地付出爱，那么小孩就会认为跟父母要钱是理所当然的。如果父母真的觉得亏欠小朋友太多，现在应该要做的事情，并不是给予更多的金钱，而是给予更多的爱！

以某知名男艺人为例，这位男艺人以疼小孩出名，而且一直以来都秉持着"暑假不接戏"原则，因为他要把时间留给小孩，但他也不是一开始就有这样的想法。在女儿两岁之前，他都一直在拍戏。女儿两岁之后，这个男艺人因为身体出了一点问题，选择暂时把工作停下来，才发现女儿不理他。两个礼拜之后，女儿才开始接近他，跟着他跑来跑去。他还自嘲有一次哭着去找太太，只因为女儿不理他。

当时太太回答他："小孩就是这样，你陪她的时间越多，她就会越愿意跟你在一起啦！"

对于小孩来说，他们最需要的，就是父母的陪伴，而不是金钱的慰藉！所以对耀雄来说，他需要做的事情，并不是跟小孩讨论零用钱的多少，而是应该好好地坐下来，跟两个儿子开始互动，让彼此之间不再只有"金钱关系"，也就是直接绕过了勒索，回到爱的本身。当爱被满足之后，勒索自然就不容易发生！

让感情纯粹

+

现代人常常都会用手机处理事情。有时候到了餐桌上,也还是不停地刷手机,一边刷手机一边和别人愉快地聊天,但这样的交流其实很肤浅、很表面,尤其是在跟小孩相处的时候,特别需要注意这样的情况!

练习

1. 当你跟别人相处对谈的时候,把手机放下。

2. 当你跟小孩相处的时候,把手机放下,多抱抱小孩,亲亲小孩。

3. 多一点眼神的交流,不管是和任何人都一样,包括和小孩。

4. 专注当下的情感交流,去感受那份关心与爱。

⋮⋮⋮ 让爱纯粹——试着回到初心吧!

在亲子关系当中,有着错综复杂的情感脉络。正因如此,在这种关系中往往情绪勒索的状况最严重,但其实亲子关系可以很纯粹,如果我们回到爱的本身,那么牵绊彼此的,就会是"爱"!

但是,我们太不会把爱表达出来,我们通过一层层包装,把爱小心翼翼地保护起来,却因为包得太紧,反而让爱无法被看见,只在表面上诠释爱,所以爱成了金钱、物质,最后把彼此的关系当成勒索彼此的工具。可是,这真的是我们想要的结果吗?

如果不是,那我们就试着让爱纯粹吧!就回到那最原本的初心——关心与关爱,回到最根本的亲子关系,因为那才是真心相连的关系,不是吗?

所以,情绪的勒索,或许也是在提醒我们,该是让爱回归纯粹的时候了!

爱的练习题

谈到"爱",每个人都有自己的定义。

但是我们往往会忽略如何"爱人",许多人会认为:我给了你物质生活,这就是爱,但这并不是爱!

所以,我们得学会如何爱人,才能够体会爱的感觉。

1. 每天去感受这世界的"爱"。

2. 清风吹拂着你的脸,这是上天的爱。

3. 妈妈关心你的言语,那是母爱。

4. 小孩关心你的身体,那是关爱。

5. 每天锻炼身体,那是给自己的爱。

6. 所以每天去找出并感受这世界给予的爱,让自己更加能够体会爱的真谛。

第三章

新的人生选择，
还是受困于父母吗？

第一章我们探讨的，都是父母如何勒索子女；第二章我们探讨了子女勒索父母的情况。在这一章我们要探讨的是：就算功成名就了，子女还是有可能深受父母的情绪勒索，而且这样的情绪勒索更加赤裸裸，更加刀刀见血，到最后甚至让亲子关系彻底破裂！

⋮⋮⋮ 如果你孝顺我的话，就应该……——被滥用的孝道

有时候，父母对子女的情绪勒索，不只是体现在子女小时候的课业、感情选择上，有时候还有价值观的束缚。小孩长大之后，当长辈意识到无法用经济手段来牵制下一代了，就会诉诸传统道德，最常见的就是"孝道"。

余芳三岁的时候，爸爸就因为有了外遇，选择跟妈妈离婚。妈妈跟余芳两个人相依为命，在妈妈的照顾之下，余芳一路以优异成绩考上了好的高中、大学，毕业之后就进入金融产业，三十三岁时她就当上了经理，同时也有了好的归宿。就在她沉醉于幸福中时，一张状纸让她开始寝食难安。

她三岁之后就没有再联络的父亲，给她寄了一张状纸，将她告到法院，要余芳尽赡养父亲的责任。

这张状纸简直让余芳崩溃，她对着那张纸怒吼："凭什么！？

凭什么要我抚养他！？他根本没有照顾过我！"

为了这件事情，她见了三十年没见的父亲，以及父亲的亲友，这才知道原来父亲已经在一年前中风、半身瘫痪，生活起居都要别人帮忙，父亲的外遇对象一看到他这样，马上就把所有财产都卷走，父亲只好投奔自己的兄弟，但大家毕竟也都有各自的家庭，不可能一直照顾他，于是通过状告到法院的方式，要余芳照顾亲生父亲。

了解了来龙去脉之后，她对着这些亲戚大吼："凭什么！这个人在我三岁时，就因为一个女人跟我妈离婚，接下来对我们不闻不问，为什么他出事之后，却要我负责？！"

"住口！"父亲的哥哥对余芳说，"天下无不是的父母！这是该你尽孝道的时候！"

"你才住口！"余芳对着伯父说，"他在我三岁的时候狠心丢下我，从那时起就已经不是我的爸爸了！"

"你……你这个不孝女！"父亲坐在轮椅上，用发抖的声音说，"我……我到底……到底还是你爸！"

余芳听到"不孝女"三个字，仿佛三根针往她的心里扎一样，害她气到哭出来，半句话都说不出口，双腿微微一软。

幸好有丈夫在旁边，撑住了几乎要跌倒的余芳，他冷冷地说："孝道不是这样滥用的！"然后扶着余芳转身离开。

虽然法院最终判了余芳胜诉，她不需要赡养父亲，但是午夜梦回,"不孝女"三个字仍回荡在她的脑海中,让她觉得自己是不是"孝道有亏"?

被情绪勒索,受伤破碎的心

几年以后,余芳开始接触心灵成长的课程,于是她选择以此段经历作为起点,去探索那段在她身上烙下伤疤的无力岁月。通过音乐的引导,余芳仿佛看见了那个三岁的自己,又看见了三十三岁的自己,但不管是三岁还是三十三岁,她的心中一直被"是不是我的错""我是不是很不孝"等话语围绕,这些话紧紧地将她绑在无法挣脱的牢笼中。

她开始大哭,因为她知道,被这些话禁锢的是她的心啊!

曾经,幼小的她在心中诅咒着父亲。

曾经,她也在梦里杀死过父亲。

曾经,她想要折磨父亲,但没想到这些都成了自己的诅咒,成了自己的梦魇,自己也被深深地折磨。

最后,她觉得自己被遗弃了,而她也遗弃了父亲。为此她很自责,因为她脑海中仍记得爸爸怨恨的眼神以及对她说出的那三个字:"不——孝——女!"

但她不是!她不是!她不是!

她感觉到心中的某些地方碎了!

就在这个时候,练习中引导余芳的人问她说:"你现在所想的,都是真的吗?"

余芳点点头,然后又摇摇头。

对方又问:"既然不是真的,我们现在以爱的角度来看,如果这是爱,你会做什么?"

"如果这是爱,我会做什么?"余芳喃喃地说,"如果这是爱,我会做什么?我真的不知道!"

"选择原谅一切,包括原谅自己!"

"原谅自己?"

"是的,原谅自己吧!不应该为了恨而禁锢了自己,不应该为了传统的束缚而困住了自己。你要原谅自己、放过自己,为了美好的自己而生。"

几天后,余芳去看了父亲,爸爸一看到她就哭了。

他对余芳说:"这几年来,我一直在想,我的人生到底做错了什么?原来我真的做错了,我不应该抛下你,不应该舍弃这个家!所以你不养我也是情有可原的,但,你可以原谅爸爸吗?"

孝顺，不应该是勒索！

孝顺，一直是华人世界最独特的价值观。父母花了一生的心血在子女身上，所以子女最后就必须要孝顺父母。不孝的人，在华人世界中就是罪大恶极，所以才有俗话："万恶淫为首，百善孝为先。"

我们可以观察到，华人是如何推崇孝顺这件事情的。古人有《孝经》《二十四孝》等，连选任官员都把"孝顺"当作审核的标准。到了现在，新闻媒体也一直在找寻"孝子""孝亲楷模"，不断地强化这样的价值观。

这样对吗？没有人知道，但因为这样根深蒂固的价值观，让许多父母借此勒索小孩。

在传统的观念中，"君君臣臣父父子子"，这是不可乱的伦理序位，从小就被这种伦理所框架的华人，要如何面对"孝顺"，就是一个极大的挣扎。因为这样的挣扎，所以无法从束缚中走出，更无法真正面对亲子感情。

父母对小孩的感情，小孩对父母的感情，可以说是人来到这个世界上最初始的关系与连接，所以面对这种感情，应该要更加的纯然。然而因为社会的价值观，让原本单纯的关系变成了一种社会标准：如果小孩不奉养父母，就是不孝，就是大逆不道。可是，这是真的吗？

孝顺，是美德，但不该是一种勒索。如果我们一味沉沦在形式上的孝顺，认为子女就是有奉养父母的义务，基于社会上的价值压力不得不做出奉养父母的行为，这样只是形式上的孝顺。

真正的孝顺，应该是出于对父母的关心与感恩，亦是出于对养育自己的人的一种由衷道谢。这样的感情，取决于父母花了多少心思在小孩身上，取决于父母对子女的真心。唯有真心，才能换来子女的真情对待。

我们要重视的应该是父母是否对小孩付出了爱，孝顺应该是种感情的交流，而不是社会上用来指责他人的价值观。更重要的是，脱去孝顺的外衣，去除社会强势价值观的勒索，去除旁人强制的虚伪孝道，父母与子女才能真正回到纯然的关系上，回到亲子间的感情上，这才是孝顺的真谛。

我是我人生的导演

+

人生，其实就是一场戏。这场戏要如何继续下去，端看导演要如何安排。而你，就是自己人生中的大导演。

1. 找一个安静的地方坐下来。
2. 重新回想一个被情绪勒索的状况。
3. 从原来的角色中跳出来，看着所有的剧情演出。
4. 要看清楚：对方在演什么、我在演什么。
5. 当你看清楚之后，请重新想象，如果要改动剧情，你会怎么改。
6. 然后在脑海中重新来过一次新剧情。

::: 长大了翅膀就硬了吗？——如何面对价值观的冲突

有时候，会听到老一辈的人说："小孩子长大了，都不听话了！""我们管不动他们了！""听都不听，根本没把我们放在眼里！"甚至严重一点，还会跟下一代起冲突，演变成家庭争吵的导火线。

宜霖生长在一个观念传统的家庭，他也一直是家中的乖儿子，只要是爸妈说的话，他几乎都会听并照做。几年前他结婚，也有了小孩，当他有了自己的家庭后，才发现有些事情跟过去不太一样了，很多观念逐渐在改变。

有一次，他在处理钱的事情上，跟爸妈的意见不同，爸爸就很生气地对他说："现在长大了是不是！翅膀硬了是不是！敢跟我顶嘴！"

妈妈很惊慌地要宜霖跟爸爸道歉，但宜霖觉得自己没有错，不需要跟爸爸道歉，两人便开始闹得很僵，甚至他有三个月都不跟爸妈联络。

后来，是宜霖的妹妹从中穿针引线，才让宜霖跟爸妈重新有了沟通机会。事后，宜霖问妹妹怎么让两个老人家低头的。

妹妹对他说："你应该知道爸爸退休前是银行职员，所以他一直都认为自己很会处理金钱的事情。如果你跟他硬碰硬，只会让他站不住脚，反而会让他觉得你不听他的话。"

妹妹是这样和爸爸说的："我知道爸是银行职员，对金钱的管理很有一套，但哥不是啊！他有不同的想法很正常，但是你也没办法一直管着哥的钱，到最后总是得他自己管理，现在他有自己的想法很好啊！你就让他自己处理看看，如果碰到问题他一定会来问你。现在跟他生气，他不高兴，你也不高兴，整个家庭都不高兴，这样何苦呢？"

爸爸听完之后，气就消了一半，但还是表现出很不开心的样子。

妹妹又对爸爸说："爸！你是想要哥带孙子回来看你，还是要一直生气，以后都不能看到孙子？"

这时候爸爸说了："去叫你哥带孙子回来看你妈，不要因为跟我怄气而忘了妈妈。"

宜霖听完之后笑了出来，说："我真的没有想过这么轻易就能解决。"

"因为你们都在生气啊！都觉得自己是对的。"妹妹说，"但事情其实没有对错，重点是你们想要什么结果。像这样不联络，当然不是爸爸想要的结果。所以我就强化他不想要的结果，让他知道这样做不值得，自然就会选择其他的道路。"

"其实你也一样！"妹妹开始数落宜霖，"关闭沟通管道，并不是好方法，而是要抓住爸爸的心思，才能好好沟通啊！"

"抓住爸爸的心思？"

"哎呀！"妹妹叹了一口气，看着她这个笨哥哥说，"爸就是怕你赔钱啊！所以才阻止你做这样的决定，但后来证明你没有赔钱，爸爸觉得很开心，但面子又挂不住，所以你们才会冷战到现在。下次，记得跟爸爸说你知道他的好心，知道是为了你好，先认同他对你的好意，然后再讨论做法，这样才会有好结果。"

价值观不同也能和谐相处

在生活当中，常常会碰到价值观跟我们不同的人，有些人我们不需要理会，因为他们跟我们没有关系，不需要长期相处，可以坚持己见而不妥协。如果碰上家人的价值观不同，往往就是一场惨烈的战役，彼此都不相让，演变成不可收拾的结果，这并不是我们所乐见的情形。

然而，在家庭生活当中，往往就是这样一些小事情，让彼此开始争论对错，希望能分出胜负，却忘了这样的状况，非但不能让对方听从我们，还有可能增加嫌隙。所以，想要真正做好这件事情，就需要先认同对方的好意，之后再表明我们可以有不同的做法。

举例来说，当双方有不同的旅游地点想去，开始为了选择而争吵的时候，请不妨想想：为什么我们要一起出游？不就是希望有一个美好而快乐的回忆吗？如果在出发前就吵成一团，这是旅游的初衷吗？通过这样的想法，可以有效地把对方的注意力拉回焦点上，而不是落在纷争上，自然就有机会化解双方的歧见。

所以，当发生冲突歧见的时候，请想想：

什么是这件事情最大的利益点？

对方的好意是什么？

认同对方的好意与想法，然后再讨论彼此的做法是否恰当，是不是有不周全的地方，这样才能有好的结果。

对家人说出不敢说的话

+

有时候，我们有些话明明很想对家人说，但是又怕伤到对方，所以不敢说出心里真正想说的话，这时候该怎么办呢？你可以练习如何面对家人好好地说出心里话。

练习

1. 找一个椅子，摆在你的前面。
2. 然后想象你想要沟通的家人走过来，坐在那个椅子上。
3. 对着他讲出你想要讲的话，不管是好的、坏的，哪怕咒骂的都好。
4. 然后想象他站起来跟你拥抱，并且谢谢你真实的话语，让他可以认知到自己的问题。
5. 最后这样的画面转化成一股能量，回到自己的心中，然后告诉自己：我可以说出想说的话。

⋮⋮⋮ 家业、家产还是家累——富二代家庭困境

富二代，应该是人人称羡的一个族群，他们有很多钱、有很多资源、有很多可以挥霍的空间，但真实的情况可能并不如我们想象。在台湾地区有很多中小企业，而这些中小企业的实权还牢牢地掌握在创业者手上。这些第二代往往受限于父辈的威严，无法真正走出自己的路，最后成为最容易被勒索的一群人。

大文的父亲白手起家，从一个只有仨人的机械厂做起，到现在公司已经有五百人的规模，在大陆，以及东南亚都有生意据点。虽然大文的父亲已经七十多岁，但他仍然凡事亲力亲为。尽管大文挂着公司总经理头衔，却凡事都要禀告董事长，这让大文非常不自在。

表面上，他是这家公司的总经理，出入各种场合，感觉很有社会地位，但实际上，他认为自己只是个"橡皮图章"，并没有

太多权力。公司的高层主管也都知道这种情况，因此所有的事情都会绕过他，直接请示董事长。这样的行为，让大文觉得自己就是一个领着薪水的摆设，心中非常不是滋味。

对大文来说，富二代就只是好听的名字而已，虽然他不愁吃穿、不用担心钱，但他却像是牢笼中的鸟，被父亲饲养着。

有一次，大文洽谈到不错的合作案，他决定要跟父亲争取这次机会，好让自己能够有发挥的舞台，没想到这个合作案刚提给父亲，他就马上被斥责了。

父亲还对他说："你能提什么好案子？"

大文一怒之下和父亲吵了起来，最后父亲对大文说："如果你不服气，现在就给我离开公司，离开这个家，我会当没有你这个儿子！"

大文已经忍无可忍，于是甩了门就离开公司，回家收拾一些东西，就准备要离家出走。大文妈妈看到他在打包行李，就一直劝大文留下来，跟他说爸爸只是说气话，并没有要赶他出门的意思，但这次大文很坚定，说什么都不肯留下。

这时候妈妈用哀求的语气对大文说："算我求你了，你不要走，你是我的心肝宝贝，我舍不得你在外面受苦。如果你一定要走，那就帮我收尸吧！"

听到妈妈这么说，大文只好打消离开的念头，但被父亲羞辱的感觉仍在他心底盘旋，久久不能自已。

富二代，有好也有坏

身为富二代，其实有好处也有坏处。好处是拥有的资源比较多，坏处就是容易被绑手绑脚。尤其是遇上"伟大"的父亲，特别容易出现这样的状况。在台湾地区有很多中小企业主的第二代，就常常碰到这样的问题，当爸爸的太能干了，就会压迫小孩成长的空间，子女通常就会一直被压制着。

在这样的家庭环境中，最容易出现强势的情绪勒索，就像是大文父亲做的一样。当然也可能出现像大文妈妈一样，利用自己的悲情角色来向大文勒索，但不管是哪一种，无形中都压迫了大文的成长空间。

这种不断被压迫的结果，就是第二代的情绪通常也像处于压力锅中，为了释放这样的压力，就会做出很多荒谬的行为，像是花大钱、频繁换女友等，这些都不是好的状态。

换个角度想，身为富二代，已经是老天爷给自己的礼物，该如何运用这样的礼物，创造出更多的可能性，才是上天给予你的考验。

现在有越来越多的第二代，能够突破长辈所设下的框架，走出自己的路，闯出自己的一片天。或许身为富二代，在跟长辈拉扯的过程当中，会觉得非常无力，如果能好好坐下来跟父母沟通，自然有机会获得谅解，就会有好的结果。

解开心中的枷锁

+

小时候,父母给的限制,或许在当时保护了我们,但在长大之后就可能反而是枷锁。这时候就必须从"心"开始,挣脱这样的限制,才能勇往直前。

练习

1. 找一个你觉得舒适的地方,然后安静地坐下来。

2. 把自己的呼吸调整均匀,让自己越来越放松。

3. 感受一下你觉得处处受到牵制的情况,那会是怎样的场景。

4. 想象有一道光从天而降,灌入到你的身体当中。

5. 这时候你有能力挣脱所有的枷锁。

6. 对自己说:我不再受限于任何状况,我是一个自由的人,可以完成我想完成的事情!

⋮⋮⋮ 不结婚,就是不孝?——沟通才能带来改变

《孟子》中提到"不孝有三,无后为大,"常被人解释成不结婚、不生小孩就是不孝的表现。先姑且不谈这句话是否真的是这个意思,我们来谈:不结婚,真的就是不孝吗?

铭坤是一个同性恋,从初中开始他就知道自己喜欢的是男生,但身在保守的家庭,他一直不敢跟父母开口说明。大学联考后,他决定远离家乡选择上台北的学校,希望能有机会呼吸新鲜空气。

在大学的时候,铭坤就交过两三个男友,也相处得很不错。毕业之后,他就跟现任男友稳定交往了两三年,但在一年前,铭坤过年回家的时候,妈妈把铭坤拉到房间里问他:"你什么时候把女朋友带来给妈妈看看?"

"我还在拼事业啊!"铭坤想转移话题。

"哪有这种事情！"妈妈说，"以前的人说成家立业，当然是要先成家再立业。"

"再说啦！"

"什么再说！"妈妈不悦地说，"我跟你说，不孝有三，无后为大。你要孝顺我，就快点结婚生小孩。"

"那过几年再看看吧！"铭坤说，"我现在工作很忙，应该不会有时间照顾老婆小孩。"

"你这样说就不对了。"妈妈苦口婆心地说，"我是为你好，希望以后你不要孤独终老。我跟你说，明天我约了相亲，你今晚一定要留下来，不要想跑回台北。"

当天晚上，妈妈就睡在他的房门外，隔天一早他就被带去相亲。相亲结束之后，铭坤终于受不了，打算直接回台北。

当他跟妈妈这样说时，妈妈就对他说："我不过就是要你快点娶妻生子，好传宗接代，对祖先才有交代，我这样有错吗？反正，你能快点结婚就快点结婚！"

最后铭坤屈服了，他选择跟交往三年的男友分手，然后跟相亲对象结婚，满足妈妈的愿望：结婚、生小孩。

但铭坤知道，这些都是假象，全是为了满足妈妈所做的妥协。

跟亲人沟通，永远是最大的挑战！

在情绪勒索的过程当中，除了要先离开情绪风暴中心，除了要先凝视对方的善意外，其实更重要的是沟通。而如何跟父母沟通，往往是面对父母情绪勒索时最重要的一项技能。很多人往往就直接跟父母杠上，最后双方都是输家。

另外一些人，生怕自己惹得爸妈不高兴，不敢明确拒绝他们的要求，所以处处隐忍，导致状况百出。

以铭坤来说，他明明有交往数年的男友，明明可以拒绝，但是因为怕自己的性取向被拿来做文章，所以不敢，只能迫于家庭压力，依照父母所坚持的方向前进。

但这样对双方真的好吗？如果铭坤为此结了婚、生了小孩，这真的是他想要的人生吗？他考虑到男友的感受了吗？甚至，他照顾好自己的心了吗？

其实，想要远离情绪勒索，有两个观念很重要：

1. 懂得观察自己

观察自己的心、观察自己的内在状态，思考看看：你的心是不是受委屈了？如果是，那就得重新审视这个决定是否正确。

经过审慎评估之后，发现这不是自己要的结果，那么就需要找父母好好聊聊。

2．跟父母的沟通，之前不能没有练习与铺陈

任何的技能都是熟能生巧，沟通也是。很多人在跟父母沟通前，都没有先好好练习，等事到临头，他们也不知道如何沟通，然后就卡在那里，最后就由父母出击，他们这时候不是逃避，就是接受。

最好的沟通方式，就是把你要说的观念，通过和他们聊电视剧、影片、书等，不断地去暗暗提醒他们，告诉他们，世界不一样了，所以很多观念也会不同。

通过一层又一层、一次又一次的沟通，才能慢慢改变他们的想法，这种逼婚的状况也就不容易发生了。

转换对方的想法

+

在沟通的过程当中,最常见的问题就是对方很坚持他的想法,你也很坚持自己的想法,到最后就看谁会被谁勒索!通常这样的结果就是两败俱伤,这时候你需要的是转变对方的想法。

1. 理解阶段

先理解对方的意思。

举例来说,你可以问对方:"你刚刚所说的事情,我可以理解成×××,对吗?""就我的理解,你的意思是这样对吗?"厘清对方的想法,才能有应对的做法。

2. 尊重阶段

表达尊重与理解对方的想法。

像是你可以说:"经由你刚刚的解释,我完全可以理解你的用心良苦,我知道你是为了我好。"

3. 转念阶段

当你进入这个阶段,就要转变对方的想法,不要想着一步到位,而是要想可以先争取哪些好一点的结果。

譬如你可以说:"我理解你这是为了我好,我也非常感谢。同时,如果可以的话,是不是能在对我好的情况下,我们来讨论看看有没有其他的做法?"

或是问对方:"如果我们可以换一个角度,你会怎么想?"

这时候可以一点一滴地转变对方的想法,直到达到好结果为止!

::: 以爱之名，禁锢亲情！——爱不是控制

法国大革命的时候，罗兰夫人曾经在断头台前说："自由啊自由！多少罪恶假汝之名而行。"

同样的，有很多的罪恶与控制，是用"爱"做包装，看似爱对方，但实际上却是以爱之名，试图禁锢着对方。

台湾地区有一部电影叫作《血观音》，其中有一幕就是描写令人窒息的亲情、令人无法呼吸的爱，而这一切都源自"我是为你好"！

在剧中，棠夫人帮女儿所做的一切，都是她自认为为了女儿好，所以她无情冷血地遥控了所有人，用金钱、亲情、爱情等各种手段，就是为了要帮女儿铺排最好的路。

没想到最后，她的女儿还是用"为她好"的方式，令她饱受疾病的折磨。这样，真的是爱吗？或者这是假借爱的名义进行控

制呢？

其实这样的状况也很常见于生活中，父母都会认为自己的小孩"需要"穿衣服、"需要"补习、"需要"学才艺，但这些到底是父母想要，还是小孩需要？这是出于父母的控制欲还是真心的爱呢？

爱是什么？控制又是什么？对我来说，"爱"就是真心为了对方好，"控制"则是为了满足自己的欲望。"爱"是站在对方的角度出发，"控制"则是站在自己的角度出发。

那么对于你来说，爱是什么？控制又是什么？如果不知道这两者的差别，明明想要爱对方，却做出控制的事情；明明是希望把对方拥入怀中，却因为错误的方式，反而把对方推出去。

跳脱以爱为名的控制

另一方面，如果是被这样对待，该怎么做？许多人不是默默接受，就是选择粗暴而直接的反抗。不管是怎样的方式，最后都会造成关系上更加紧张，这并不是我们所乐见的结果。那么，应该要怎么做呢？

就像我们在第一章提到的：凝视善意，我们必须要先看到这些行为背后的善意，认同它，真正地了解对方内在想要表达的爱，同时也看到对方用着错误的方式来表达那样的爱。这时候会站在更高的角度，用宽广的视野来看待整件事情，进而发现对方其实很爱你，但不知道怎么样爱你，所以用了自以为爱的控制，却不小心把你推得更远。

在新加坡电影《小孩不笨2》中，主角成才，一直都认为爸爸只会打他、骂他，根本不疼爱他。后来，他爸爸为了保护他而陷入重度昏迷时，邻居阿姨对成才说了一句话："你爸爸太爱你了！可是，他太不会爱你！"

有时候父母对子女，或者子女对父母，就是因为太爱了，所以忘了怎样去爱，以对方不能够接受的方式，将彼此间的距离越拉越远。

如果可以看清楚背后的爱，直接给予那样的爱、那样的真心，一个大大的拥抱，一份诉诸真心的关怀，那么一切可能就会不一样！当我们真的想要从以爱为名的控制中解脱，就得挖出在控制后头那个真心为你好的初衷，认同那样的初衷，然后告诉对方：我们是不是有更好的方式，来处理这样的事情？

或许光是有这样的认同，就有机会带来不一样的改变！

厘清爱与控制

+

有时候我们身在其中,往往分不清什么是爱、什么是控制。所以需要通过厘清让自己清楚看见,什么是爱,什么又是控制!

1. 准备一打白纸。
2. 找一个你觉得舒适的地方,安静地坐下来。
3. 写下来:什么是爱?什么是控制?
4. 然后开始记录你的内心对话,把脑海中想到的话都记录下来。
5. 通过这样的书写过程,可以帮助自己厘清,在你的认知中,什么是爱,什么是控制。

⋮⋮⋮ 放手，是给子女最大的爱！

仔细探究为什么父母容易情绪勒索子女，其根源通常是爱。因为爱小孩，所以会自以为把最好的给了子女，却不知道那不是子女真的想要的，结果就造成了冲突。在冲突发生的时候，父母会为了把自己的礼物送出去，而采取威胁、利诱的手段，甚至是通过情绪勒索的方式，达成自己的目的。

试问：这样的爱对方能感受到吗？答案通常是不能！

我有一个朋友的妈妈，个性属于紧张型的，也有一定的控制欲，所以希望小孩能够听话，能够按照她的方式来执行所有的事情，如果小孩稍有不顺从她的想法，她就会打悲情牌，想办法让小孩照着她的方向走。

直到朋友上了大学，妈妈还想要通过这样的方式来控制他，没想到朋友却很激烈地反抗，跟妈妈大吵了一架。过了几天，朋友主动找到妈妈,针对那天的事,跟妈妈好好沟通。

朋友对妈妈说:"妈!我已经不是小孩子了,所以真的不需要你操这么多的心。我知道你是为了我好,但如果我一直在你的保护之下,怎么可能成长呢?未来我还是得一个人面对生活,面对所有的愉快、不愉快,我不可能永远依赖你,我需要有自己的成长空间,这样才能有所发展,对吧?"

妈妈点了点头,不发一语。

"所以,你要让我开始自己决定一些事情,要让我独当一面,这样才好面对未来的社会。当然,我知道你是不希望我受伤,但我不可能不跌倒,不可能不受伤,因为这是成长中需要付出的代价。"

妈妈继续点了点头,欲言又止。

"我很感谢你这么爱我,怕我受伤,但是,真正的爱不就是要放手,让我好好地闯一闯,这样我未来才能在社会上生存,对吧?"

朋友的妈妈抬起头来看着朋友,嘉许地拍拍他,然后就离开了。

之后,朋友跟妈妈的相处越来越融洽,彼此就像朋友一样,无话不谈。因为他们都知道双方其实都是爱着自己的,只是爱的方式不同,但他们可以找出彼此都能接受的方法,让彼此间的关系更加紧密。

放手，是父母最大的爱！

有一句话是这么说的："船停在港口最安全，但那不是造船的目的。"

养育小孩也是如此，不管父母愿不愿意承认，总有一天，小孩还是要离开家。他们必须要出去，才能够看见这个世界，才能够体会这个世界的残酷与美好。这些危险与挑战，终将成为他们生命中的养分，使他们成为更好的人！

在成为一个更好的人之前，父母必须要先放手，就像是学骑脚踏车一样，如果大人害怕小孩跌倒，一直帮小孩扶着，这样小孩是学不会骑脚踏车的。唯有大人放开手，让小孩跌倒几次之后，他们就会知道该如何骑车了。

亲爱的父母们，或者是有可能成为父母的人啊，请学会放手吧！

或许你们会觉得不舒服，会觉得不被需要，甚至担心害怕，但你们要知道：等到一定的时候，就要放手让小孩自己去成长。就如同鸟妈妈到了适当的时候，就把小鸟赶出鸟巢，因为小鸟如果一辈子都在鸟妈妈的照料之下，肯定是无法飞翔的。

放手吧！放手不是不关心小孩，而是为了让小孩更好。家长们只需要在旁边看着，等小孩真正有需要的时候再帮忙就好。当你们彼此是生命中的伙伴、朋友，反而会让关系更加亲近，这样不就是最好的结果吗？

放手，断妄念

有些父母会担心小孩受伤，所以想给小孩最好的环境，于是不断地限制他们，紧紧地把小孩握在掌心，最后只会让小孩更想逃跑。要知道父母的所有担心，其实都是对小孩的诅咒！这就是父母的妄念，父母必须要断掉这些妄念，才能真正放手。

练习

1. 找一个你觉得舒适的地方，然后安静地坐下来。

2. 把自己的呼吸调整均匀，让自己越来越放松。

3. 想象你的小孩可以处理任何事情，当你越不管他们，他们就会做的越好。

4. 这时候，你不需要担心，只需要祝福他们，一切会越来越好！

5. 把你的祝福化成一道光，送给你的小孩。

第四章

婚后，面对第二个父母，你该怎么做？

除了原生家庭所给予的情感勒索之外，一般人还有可能会面临包括兄弟姐妹、亲戚以及另一半的情感绑架，这些都是人生中无法逃避的课题，那么除了前几章所提到的方法之外，还有什么方法可以采取呢？

这些都会在接下来的章节陆续提到，同时还会有更多的解决方法，你可以挑选适合自己的来使用。

⋮⋮⋮ 你应该把我当成你妈一样!——如何拿捏关系界限

媳妇,应该是华人社会中最难当的角色,是家人又不是家人。婆婆不是妈妈,她却希望你把她当成妈妈一样尊敬,把婆婆当成妈,却比妈妈难伺候,媳妇做什么婆婆永远都不满意。到底该怎样当媳妇,才能够让婆婆满意呢?

姗姗跟雄辉认识三年,谈了一年的恋爱,终于被对方的体贴感动,决定跟他结婚,婚后他们两人仍选择住在外面,每逢假日才回婆家一趟,原本看似平静无波的生活,终于还是起了波澜。

有一天,婆婆把姗姗叫进了房间,对她说:"姗姗啊!有些事情你们年轻人不懂,但如果我不跟你说,就要你依照规矩做事,我想你也不太服气。按理说,你嫁过来我们家,就是我们家的人,我是你丈夫的妈妈,也就是你的婆婆,算起来也是你妈,所以你应该要把我当成你妈一样孝顺。"

婆婆顿了一下后继续说道："听说你一个月拿两千块钱回娘家，但雄辉却是一毛钱都没有拿回家里来啊！虽说我们家是过得去，但你都拿了两千块当作父母的孝亲费用，那是不是也该给我们两个老的一些零用钱啊？我也算是你妈吧！"

姗姗苦笑着对婆婆说："这是因为我家里还有一个弟弟在念书，所以想帮父母承担一些，让他们可以好过一点，毕竟他们收入也不高，如果现在要我们多拿一些出来，可能会让我们手头有点紧。"

婆婆微笑着说："这样讲好像是我在为难你是吧？我当初花了多少心血栽培雄辉，让他补习，上最好的高中跟大学，甚至还让他到国外留学，现在你们结婚了，好处都让你拿走了，你还跟我计较这点小钱？"

"话不是这么说的啦！"姗姗有点慌了，紧张地对婆婆说，"我没有这个意思。因为雄辉打算创业，我在帮他存创业基金，所以手头上真的不宽裕。而且妈还有退休金，所以才想先缓缓再说。"

没想到婆婆接着说："退休金归退休金，孝亲费归孝亲费，这不一样啊，是吧？除非你没有把我当妈，那我就不拿这个孝亲费，但以后你也不用回来了，反正你也没有把我当妈。"

哑口无言的姗姗，只好回去跟雄辉商量，看能不能拨出一些生活费给婆婆。

雄辉问姗姗："怎么突然要给妈生活费啊？他们不是过得挺

好的吗？这几千块对他们来说根本是零头吧！"

姗姗就把原委告诉雄辉，为了不让姗姗难做人，于是两人只好少存一点钱，让姗姗可以在雄辉家好受一点。可姗姗觉得很委屈，因为如果不是她拿孝亲费回家，就不会有这样的结果，都是因为她才会发生这些事情。

不要为难自己，要多赞美自己！

时常陷于情绪勒索的人，通常会是自信心低下的族群，一旦发生被勒索的事情，就会把所有过错怪罪到自己身上来，而这样的情形如果不断重复，就会让他们的自信心更加低下，把所有的责任都揽到自己身上，仿佛自己就是世界上最烂、最差的人一样。

特别是在这种被指责的时候，绝对不要陷入这样的情绪当中！为了强化自己的信心，有很多种做法，其中一种就是赞美自己。如果你也是时常出现自信心低下的人，请一定要多赞美自己。

多年前，日本大地震发生之后，许多灾区的日本人都陷入低潮当中，后来有一位老师到灾区教导部分灾民开始写赞美日记，慢慢地有些人走出了低潮，开启新的人生。

最简单的方法，就是每天列出三件你觉得自己值得赞美的事情，像是：

"今天我去操场走了三圈！我真的很棒！开始了照顾自己身体的旅程！"

"我今天扶一位老先生过马路，他很开心地跟我道谢，我觉得自己真的很好！"

"我今天把房间整理干净了，让自己可以舒服地休息，觉得自己真的很棒！"

大到人生的转折点，小到把垃圾丢进垃圾桶之类的，只要你真心觉得自己做得很棒，就把它写下来。或许有人会觉得别扭，不习惯赞美自己，但是我们要知道，这个世界上打击我们的声音实在太多，如果我们不懂得为自己加油，那可能很久之后才会有人帮我们加油。与其要等上十天半个月，不如每天都帮自己加油打气！

印象中有一位艺人，每次演出完毕总是自己先鼓掌，有人问他说："为什么你要自己先给自己掌声？这样不觉得很自恋吗？"

他回答："如果连自己都不给自己掌声，都不觉得自己做得很好，那么别人为什么要给你掌声？"

想想看，当你写完一篇文章，然后贴到社群平台的时候，第一个按"赞"或"喜欢"的人是自己吗？如果不是，自问一下为什么不是自己第一个按"赞"呢，是怕别人觉得自己太自恋呢，还是觉得自己不够好？通常的答案是后者。

所以，多赞美自己吧，因为你值得！

赞美自己

+

当你的自信心够强大时，任何人的情绪勒索，对你来说都是一件小事。当你有自信的时候，你就不需要通过别人的认同来得到肯定。

为了增强自信心，请一定要每天做练习。

1. 找一个笔记本。
2. 每天写下三件自己值得赞美的事情，并持续三十天以上！

你爱小孩，就应该……——不同教养立场产生的冲突

做媳妇的第二道难题，通常是有了小孩之后，为了小孩跟婆婆有了冲突。

姗姗跟雄辉结婚后的头三年，一直没有怀孕，直到第四年，姗姗突然发现月经没来，去医院诊断才知道怀了小孩。没过多久，婆婆也知道了这个消息，就来姗姗家探望她。

婆婆一进门就凑近姗姗，摸着姗姗的肚皮说："这是我们家的第一个孙儿，希望是个男孩。"

"男孩女孩不都一样！"雄辉对妈妈说，"只要是我们的小孩，都好啊！"

"那不一样！"妈妈说，"男孩将来可以继承我们家的香火，女孩不行。"

"妈！"雄辉有点不高兴地说，"不管是男孩女孩，都是我们

家的孩子，一样可以继承我们家的香火。"

妈妈听到雄辉这样说，也就打住话头，只是说："一定是男孩。"

过了几个月，孩子生下来了，幸好是个男孩子，婆婆乐不可支，对姗姗说："这小孩就给我带吧！"

"妈，这样不好吧！"姗姗说道，"你们太累了，还是我们自己带就好，等到一岁多以后可以送去托儿所。"

"怎么可以送到托儿所！"婆婆不高兴地说，"要么你就辞职专心在家带小孩，要么就是我来带，不可以把我的宝贝孙子送到托儿所去。"

"妈，我还有工作啊！怎么能说辞就辞？"

"你如果真的疼小孩，就应该辞职在家照顾他。"婆婆说，"要不然就是我来照顾，送到托儿所，好像我们家都没人可以照顾似的。再说了，现在雄辉自己创业，收入也比以前多了，不是非要你那份薪水来养家糊口，干脆辞掉工作，专心在家照顾小孩，这样不是很好吗？反正你的薪水也不多！"

婆婆的这番话让姗姗气到不知道该回答什么。最后为了避免发生家庭冲突，姗姗还是把工作辞了，专心在家照顾小孩。

观察自己的情绪状态与流动

在面临情绪勒索的时候，关键点是什么？答案就是：情绪。

一旦我们被卷入情绪风暴中心，往往无法自拔。等到回过神来，才发现自己已经做出错误的决定。所以面对情绪勒索的时候，千万不要太快做决定！

那么什么时候做决定呢？等情绪状态平稳之后。

那要如何平复自己的情绪呢？有些人会说：告诉自己不要生气！不要生气！这样不是最快平复情绪的方法吗？当然不是！这绝对不会是最快缓和与观察情绪的方法。

想象一个场景，你很生气很生气的时候，对方告诉你："不要生气，不要生气！"

这时候你会听到什么关键词？对！就是"生气"，你反而可能更生气。

所以应该要说的是："放轻松、深呼吸、平静！"这样才有可能缓和情绪。

但有另外一种人，他们可以很快地转换情绪，从非常生气的状态，瞬间缓和下来，这样算不算释放情绪？事实上，通常这种情形是压抑情绪，而不是转换情绪。

压抑情绪也是一个常见的问题，有时候我们容易受到所谓的情商理论影响，告诉自己要有良好的情商，所以往往把情绪往心里压,最后的结果就是:你的心中堆满了情绪垃圾,总有一天会大爆炸。

那你可能会问:我怎么知道我的情绪真正平稳了呢?有时候人在内心还有情绪,但表面上却没有流露出来。这样真的能够感觉出来吗?

简单来说,要懂得观察自己的情绪状态与流动。当你学会如何观察情绪的状态与流动,并进一步学习释放自己的情绪,让自己的心可以逐渐自由,才不容易受到情绪的绑架与勒索。

正念能量的
心灵练习

帮情绪贴标签

+

什么是帮情绪贴标签呢？举例来说，如果你觉得很愤怒，可以稍微抽离一下，把自己当作旁观者，辨识出自己愤怒的情绪，然后贴一个标签：这是愤怒。

如果觉得自己很紧张，同样抽离当下的情境，辨识出自己很紧张的状态，然后告诉自己：对，我现在的情绪还处于紧张状态。

当你开始不断地帮情绪贴标签，这些情绪就会慢慢被识别出来，从而缓和下来。

1. 当你感觉到有情绪的时候，快速离开现场。
2. 找一个你觉得舒适的地方，安静地坐下来。
3. 开始帮自己的情绪贴标签，发现刚刚自己有愤怒、不安、恐惧、害怕等情绪。

  4. 将自己的呼吸调整均匀,让自己越来越放松,然后慢慢地释放情绪。

分辨情绪,是处理情绪的开始。

⋮⋮⋮ 不跟家里住，就离婚吧！——如何拒绝情绪勒索

婆婆和媳妇总是有打不完的仗，看看社群平台上抱怨婆家的文章，真是多如牛毛。

通常婆媳之间有第三种勒索的状况，就是"住家"的问题！

姗姗迫于无奈，辞职后开始照顾小孩。婆婆每天都会来姗姗家，带一些婴儿用品，像是奶粉、尿布等。

某天下午，婆婆来到姗姗家，帮忙整理了一下环境后，两个人就在客厅里聊了起来，婆婆说："姗姗，你们是不是该考虑搬回来了？"

"妈，怎么了，怎么会这样问呢？"

婆婆就说了："我刚刚在路上想啊，我每天这样来来回回，挺花时间的，如果你们搬回来，我就不需要这样两边跑，也可以每天看到我的宝贝孙子。而且，你现在辞职没工作，雄辉又在创

业的起步阶段,虽然收入还可以,但总是要多存一点钱。你们这边的房租、水电、物业管理费用等加起来,应该得有六七千吧,加上小孩的费用,一个月总得支出一万多吧!如果搬回来住,每个月我收你们两千生活费就好,你说这样是不是很划算?"

"听起来是不错,但是这样太打扰爸和妈了。"姗姗准备要推辞婆婆的好意。

"我们是一家人,怎么会是打扰呢?而且这样,我跟你爸还可以轮流帮忙照顾小孩,这样你也比较轻松,不是吗?"

"这个事我还是要跟雄辉商量。"姗姗开始"打太极"。

"也是,那我过几天直接跟雄辉说好了。"婆婆就这样结束了这个话题。

那些发生在家庭里的肥皂剧

上次谈完天没过多久,婆婆就把雄辉叫回家,对雄辉说:"那天我跟姗姗说,要你们搬回家来住,姗姗看起来不太愿意耶!"

"妈,我们不是说好,结婚之后住在外面吗?"

"那是以前,现在你们有了小孩,当然要回来住啊!"

"不可能啦!当初我就跟姗姗说我们要住外面,她才愿意嫁给我，我不可能再搬回家啦！"

"什么！原来是这样。"婆婆不高兴地说，"总之，你去跟她说，如果她不愿意搬回家，那就离婚！我们不要不听话的媳妇。"

"妈，你这是无理取闹。"这次雄辉也不高兴了，"我们当初都说好了，怎么可能因为她不搬回来我们就离婚，而且我们感情很稳定，也有了小孩，怎么可以说离婚就离婚！"

"我不管！"换婆婆生气了，"总之，你要么选老婆，要么选老妈，但我先声明，你选了老婆就是不要老妈，你以后就不要回家了！"

雄辉这时候也真的生气了，对着妈妈说："好，那我就不回来！"然后把门甩了就回家。

雄辉把这件事跟姗姗说了，没几天，姗姗就接到婆婆的电话："你到底懂不懂得尊重长辈的意见，我低声下气求你们搬回来，结果你居然叫雄辉来吼我。算了，儿子娶了老婆就把妈妈丢到一边了，我的命真的很苦！"

婆婆在电话中哭了足足半小时，最后还是姗姗逼着雄辉回家道歉，这件事情才暂时告一段落。

用肯定句，建立自己强大的内在！

经常被情绪勒索的人，除了没有自信之外，再来就是害怕冲突，怕发生什么他们无法预料、无法解决的事情，所以选择一次次息事宁人。这些人会有这些想法：

- 算了！就让他一次，下次再说。（但通常下次还是会让他。）
- 我这次就不跟他计较，下次如果遇上这样的情形，我绝对不会妥协。（结果下次还是妥协了。）
- 有些事情，就是以和为贵。（所以人家就得寸进尺了。）
- 我是大人有大量，就不跟他计较了。（是害怕产生冲突吧？）
- 我觉得可能是我的想法不对，而他的才是对的。（不管对不对，但你就是被勒索了！）
- 我是为了避免让家里人产生争端。（但下次还是会因此而争吵。）

看完这些状况之后，其实真正的问题，除了对方通过情感来勒索外，再来就是自己也默许对方勒索。有时候，我们真正担心的问题，从来都不是外在的冲突，而是自己的内心不够坚强，不认为自己可以处理好这些事，害怕这些冲突会造成彼此关系的破裂。

因此，你需要通过肯定句来增强自己的决心与能力。

什么是肯定句？肯定句就是：正向且强而有力的语句。

举例来说：

- 我是个独特而有价值的人。
- 我有能力可以协调任何状况。
- 我能处理好任何冲突。
- 我坚持自己的立场。
- 我擅长沟通协调。
- 我是个有自信的人。
- 我懂得人性，可以有能力处理任何情绪勒索的状况。

总而言之，你必须不断地肯定自己，确定"不被勒索"这件事情是正确的，唯有先不被勒索，之后才有选择的自由。

撰写属于自己的肯定句

+

有些人可能会问：每天背诵这些肯定句，就可以有神奇的功效吗？如果只是单纯背诵，就跟背书一样，效果自然会大打折扣。所谓的肯定句，一定要打从心底相信，我就是这样的人，我就是有这样的能力，我可以对抗每一次的情绪勒索。如果不是这么相信着，自然就会怀疑自己，最后陷入同样的恶性循环。

那应该如何使用肯定句呢？

你可以先写出你想要的肯定句，像是："我可以处理任何冲突。"

如果现在要马上相信自己可以处理任何冲突，可能不太现实，所以需要找到事实作为依据，来支撑肯定句的诉求。以刚刚的肯定句为例，就可以想想：过去什么时候，我曾经处理过冲突，而且圆满解决了？结果想起在小学的时候，有一次Ａ同学抢了Ｂ同学的糖果，经过我的沟通与处理，Ａ同学愿意把糖果还给B同学,而且还跟B同学道歉。

这时候可以这样说:"我可以处理任何冲突,因为我在小学的时候,顺利地跟同学沟通协调,让B同学拿回了糖果,而且让A同学跟B同学道歉了。"

这时候具有了"事实"的加持,就会越来越相信自己有这样的能力,可以处理更多的冲突。如果你发现了更多的事实,就可以在自己的记忆中不断增加,也可以另外写一行肯定句,这样就能不断强化自己的信念,也发挥了肯定句的作用!

当我们越来越熟练的时候,就可以在生活中越容易地找到事实依据,然后更加肯定自己。当我们有强大的信念支持时,就越容易面对与解决每一次的情绪勒索。所以请一定要好好练习,创造属于自己的肯定句。

1. 找一个你觉得舒适的地方,然后安静地坐下来。

2. 开始列出你想要解决的问题,找出自己不足的地方有哪些。

3. 然后把这些负面的句子转为正面的陈述。

4. 最后写成这样的句型:我可以(达成什么结果),因为我曾经(具体事实)。

⁝⁝⁝ 这是我最后的愿望——用心平气和取代不甘愿

武翰跟珈欣结婚前就说好,不打算那么快有小孩,甚至没有小孩也可以,所以两人一直过着快活的日子,但这样的日子却被公公的一通电话给打破了。

某天下午,武翰接了爸爸的一通电话后,两人就急急忙忙地回到爸妈家。一进门,就感觉气氛非常凝重,仿佛有什么大事要发生。

两人一坐下,武翰的妈妈就开口了:"我知道你们两个都不想要小孩,所以我们两个老的一直都没有催你们,但是今天不得不催你们了。"

妈妈突然间哽咽地说:"你爸最近检查出癌症,而且已经到了末期,就算治疗也活不了多久,所以我们才找你们来一趟,爸爸有些话想跟你们说。"

这时候武翰的爸爸开口了:"医生说我只剩下一两年的寿命,我也认了,该治疗我也会去治疗,该怎么办也就怎么办,但我有一件事情,希望你们可以帮我办到。"

爸爸喝了一口茶后,继续说:"我最遗憾的事情,就是现在还没有孙子。我希望在有生之年,可以看到自己的亲孙子出生,等有一天回去见祖先的时候,才好有个交代。"

静默了几秒钟之后,爸爸又开口说:"所以,我希望你们可以在这一两年生个金孙给我抱,让我可以挺起胸膛面对祖先!"

听到爸爸这样说,武翰跟珈欣都沉默了。

大概过了五分钟,武翰的妈妈出声了:"我知道你们一时间听到这样的消息,都没有心理准备。没关系,你们可以回去想想,再商量看看。"

武翰跟珈欣回到家之后,两个人都不发一语。

最后武翰说:"我们就生个小孩吧?"

珈欣苦笑地说:"不然能怎么办?爸妈都把话说成这样了,我们能不生吗?但也不是我们说生就可以生的,明天还是去检查一下吧!"

即使被勒索了，也能保持心情愉悦

说到这里，或许会有人认为，情绪勒索是不是都不该接受呢？

答案当然是错的！有时候对方虽然用亲情作为勒索条件，但你经过深思熟虑，仍然希望能够达成对方的愿望，你是心甘情愿的，自然就不能说是"处于被勒索"的情形。

也就是说，假设我们的状态是好的，情绪上没有被左右，就算真的被情绪勒索了，对于我们自己也不会有太大影响。所以要避免被情绪勒索，除了壮大自己的信心之外，还要让自己能够处于快乐的心情中，这样才能相辅相成。

要如何保持自己的心情而不被动摇呢？说实话，这几乎不可能，但我们可以试着用智慧来调伏自己的内心。

以武翰的情况为例，他和妻子处在被情绪勒索的状态，而且很难改变，这时候就得接受这件事情的发生。

或许武翰会认为自己被挟持了，不得已才去做，但不妨回到生小孩这件事情，是不是"完全没有规划"？如果有任何一点点"想要小孩"的想法，或许爸妈的愿望就是促使这件事情快点达成的催化剂，自然就会大大降低被强迫的感觉。

这样的方法一般称为"换个角度想事情"，但如果只是一般的方式，并没有办法让你感觉很愉快，所以我们会问的是：如果这件事情发生了，那对我有什么好处？有什么更棒的礼物吗？

以刚刚武翰的情况,那就是:

"如果生了小孩,对自己有什么样的好处?"

"趁年轻生小孩,是不是可以更有活力地带小孩出门?"

"会不会更有家庭的感觉?"

这样就可以让自己快速走出不好的情绪。

正念能量的心灵练习

身心的锻炼,可以快速调整情绪

+

除了理智上的转换之外,想要快速调整情绪,身心锻炼也是很重要的一块。就如同我们所知道的一样,情绪勒索最核心的关键,还是在情感的纠结上,如果我们可以锻炼自己的身心,就能够快速解开问题点,让情绪回到平稳的状态中。

那么要怎样锻炼自己的身心呢?主要有这几种方法:

1. 吃一些让身心愉悦的食物——多选择富含维生素B群和维生素C的食物,像是番石榴、奇异果等。此外,香蕉含有丰富的色胺酸,可以刺激身体生成血清素,这是一种快乐激素,可以让我们的情绪快速回稳。

2. 运动——通过规律的有氧运动,可以让自己的身体代谢废物,让身体机能保持年轻的状态,就可以应付许多情绪起伏。

3. 找对应的精油或花精——嗅觉能够快速影响情绪。想想看，当你闻到喜欢的食物，是不是马上就会有反应？当你闻到酸味的时候，是不是就会有流口水的感觉。所以善用能使情绪舒缓的精油或花精，可以让你快速进入放松状态。有时候我会搭配适当的精油进行身体放松，在这里想特别提醒大家，最好使用纯天然的有机产品，因为放松的身体对于能量或者物质的吸收能力最好。

4. 散步静心——给自己一点独处的时间：每天给自己三十分钟，让自己一边走路一边放空，这时候什么事都不要想，不要听音乐，也不要刷手机，就让自己放空，让大脑休息一下，也能让情绪保持稳定。

5. 睡个好觉——睡眠是人体最重要的休息机制，通过睡眠，大脑可以重整一天的记忆，空出大量的空间容纳突发事件。这就是为什么睡不饱的人，通常情绪起伏很大，甚至会有暴怒的情形出现。

当我们的身心维持在最佳状态时，就有能力面对任何突发状况，就能更从容地处理这些问题，而不会让情绪成为绊脚石。

⋮⋮⋮ 不听我的话,就……——成为情绪勒索的帮凶

才刚经历过武翰爸爸的情绪勒索,武翰跟珈欣又碰上另外一件事情。

原本珈欣跟自己妈妈都会用短信联系,但是今天妈妈突然打了好几通电话给她,因为珈欣上班时手机静音没听到,等到中午吃饭,她才回拨给妈妈。

妈妈一接到电话,就对珈欣说:"小欣,你周末的时候可以回家一趟吗?"

"怎么了?"珈欣问,"突然要我们回家一趟。"

"还不是你爸跟你弟。"妈妈急着说,"这几天父子俩吵得不可开交,我说让你周末回来一趟,帮忙看看怎么解决。"

"这样啊!"珈欣说,"那我周末跟武翰回家一趟好了。"

于是周末的时候,武翰跟珈欣回到娘家,妈妈就把他俩拉到

房间,把事情的始末和盘托出,他们才知道发生了什么事。

原来是珈欣的弟弟嫌爸爸管东管西,想要搬出去住,但他的收入不到七千元,爸爸担心他无法生活,就希望他不要搬出去,两人起了口角,闹得很不愉快。

那天下午,珈欣的弟弟从外面回来,爸爸就对弟弟说:"今天你姐回来,就别出门了,在家里一起吃晚餐。"

没想到弟弟回爸爸说:"我已经跟人有约了。"就准备要往自己的房间走。

爸爸一看到弟弟的反应,整个情绪都上来了,直接对着弟弟大吼:"出去!出去!既然这么喜欢在外面,你就给我滚出去!"

弟弟也不甘示弱,直接回呛爸爸:"我本来就要搬出去,是你一直在阻止我。"

看到弟弟跟他顶嘴,爸爸更加怒不可遏,说道:"既然你不听话,你就不要拿我的钱。"

"不要就不要!"弟弟不在乎地说。

"我告诉你,我的遗产,你一毛钱都别想拿!"爸爸气到血压开始飙高,重重地坐到沙发上。

听到两人争吵,妈妈、珈欣跟武翰都走了出来,看到爸爸右手按住左胸,露出痛苦的表情,妈妈急忙到客厅橱柜中拿出降血压的药物给爸爸服用。

"弟,你怎么可以这样跟爸说话?"珈欣不高兴地说,"快跟爸说对不起。"

"我不要！"弟弟不服气地说，"明明就是他先挑衅我的。"

这下子五个人就僵在那里，气氛十分凝重。

最后是武翰对弟弟说："走！我们出去透透气。"他赶紧把弟弟拉出去，才打破了尴尬的局面。

弟弟跟武翰出门之后，就对武翰说："姐夫，我说的不是没有道理，对吧？"

"我知道你的想法。"武翰说，"但有些事情需要慢慢来啊！你这样直接硬碰硬，让妈跟你姐夫在当中，她们多难做人啊！还是跟爸道个歉，其他的事情，再说吧！"

"但这样你不是在情绪勒索我吗？"弟弟的回答让武翰无言以对，他这才意识到自己也是情绪勒索的帮凶。

发生情绪勒索状况时，或许你该高兴！

有时候，我们会不自觉地当了情绪勒索的帮凶而不自知。就像是案例中的武翰，一直希望能够快速、和谐地处理丈人跟小舅子之间的问题，于是想要强迫别人屈从，快速地摆平一切，于是不自觉地成了情绪勒索的帮凶。

也就是爸爸情绪勒索了弟弟，之后又延续到妈妈、武翰跟珈欣身上，然后武翰又来让弟弟妥协。其实这也是我们常见的情况，有时候家人之间吵架，就会有人跳出来当和事佬，而这个和事佬通常也不是真的要把事情处理好，只想要双方快速回到原本的状态，于是就会勒索其中一方，希望用妥协换回平静的生活，但这样一来不仅无助于解决问题，反而还会扩大事端。

你做的每一件事都像一颗种子，被种在潜意识里之后，如果有一天发芽了、茁壮了，就会干扰我们的情绪与意识。

任何的好事、坏事，都将会成为一颗种子，种在每个人的心田当中，有一天发芽了、长大了，就会开始干扰自己的心理状态。如果是好事，那就会有好的结果等待着我们；如果是问题与困扰，就会成为一个解不开的疙瘩。

为了要避免这样的状况，最好的方法就是：趁还来得及，就把有问题的种子去除。通常当我们面临情绪勒索的时候，要好好面对与处理才可能做到如此。

事情发生时,我们都在场!

+

《零极限》的作者修蓝博士在书中提道:"你有没有注意到,每当有问题,你都在场?"

有时候或许那个问题跟你没关系,它可能是远方亲戚的状况,但是只要这个问题传到你这里来,就代表你已经在场了。所以任何事情发生,我们都在场!

既然我们都在场,就代表这些事情是我们曾经共同在心田上所种下的坏种子,而现在我们有机会移除它了。在现实生活中,就是要通过自己的智慧与修养,好好地面对与处理。

为了让它能够从亘古以来的记忆中被移除,在《零极限》一书中提到,我们可以通过四句话来清理,那就是:对不起、请原谅我、谢谢你、我爱你。

1. 找一个安静舒适的地方，让自己坐下来。

2. 回忆起任何一件你想要处理的场景。

3. 对着所有的一切，发自内心地说出：对不起、请原谅我、谢谢你、我爱你。

4. 想象关于这件事情的一切情绪与记忆，都被不断地清理着。

5. 让所有的一切回到"零"的状态。

6. 对一切事情表达感谢！

第五章

我们是家人吧……

家庭中的情绪勒索,不是只发生在父母和子女之间,也会发生在兄弟姐妹之间,如何应对这些来自手足的亲情勒索呢?

只能含泪默默吞下?还是和谐相处,却又不被勒索?这是我们要探讨的重点。

⋮⋮⋮ 就当作帮帮我——来自亲情的推销

小时候,兄弟姐妹之间的情感就很复杂,一方面彼此都在竞争父母的爱,另一方面又是需要互相扶持的同伴,所以兄弟姐妹之间的关系往往是相当纠结的。

也因为这样,兄弟姐妹之间的情绪勒索,也是非常常见,该如何面对这样的情绪勒索,这就考验着当事人的智慧。

明彰、彦诚、淑萍是三兄妹,明彰是大哥、淑萍是老二、彦诚是老小。进入社会之后,彦诚接触了保险业,在公司的要求下,彦诚先跟爸妈开口,希望父母能够支持自己的事业,于是爸妈分别投保了五十万的终身寿险,让彦诚有业绩可以交差。

到了第二个月,彦诚开始扫街拜访客户,却没有任何业绩,于是彦诚想起了在外地工作的哥哥明彰和嫁为人妇的姐姐淑萍。

某天晚上,彦诚约了明彰到咖啡厅。

"怎么啦？怎么突然来找我？"明彰问彦诚。

"有一件事情要跟你说啊！"彦诚说道。

"是跟爸妈吵架啦？"明彰笑着说，"也难怪啦！我跟淑萍都搬出来了，爸妈只能管你。"

"不是啦！"彦诚笑着说，"虽然偶尔有口角，但也还好。"

"是啦！不是吵架的话，你干吗专程从台北到新竹来找我？"

"我有一件事情要跟你说啦！"彦诚说。

"什么事情？"

"哥！像你进入社会这几年，是不是存了一点钱？"

"有啊！"明彰回答道，但心中开始犯嘀咕，是要借钱吗？还是要买什么东西？

"所以你做理财规划了吗？"

"我买基金啊！"

"有规划买保险吗？"

"目前买了一份定期险，其他都是爸妈之前买的。"明彰心想：原来彦诚是去做保险了啊！

"这样啊！那我帮哥哥重新规划一下可以吗？"彦诚问。

"但我现在薪水不高，恐怕没办法再多买一份保单。"

"没关系啊！我帮你看看又不用钱，而且大不了退掉那个定期险就好啊！"彦诚笑着说道，"不然你先把保单给我看看。"

"也好。"虽然明彰有点不悦，但不忍拒绝弟弟的请求，就回家把保单拿给弟弟带回台北。

三天后彦诚又来找明彰。

"哥!"彦诚兴奋地说,"我都帮你看过了!我建议你把这个定期险退掉,因为这份保单到期之后无法领回。"

"我知道啊!"明彰说,"之前我的保险业务员跟我说了。"

"是!"彦诚继续说,"我是建议你退掉这份保单,改买我们家的另外一份终身寿险,虽然费用增加了,但是可以保障终身,我也建议你买一份医疗险跟储蓄险,这样你的基本保障就有了!"

"这样啊!"明彰有点为难地说,"那要多少钱?"

"不用很多,一个月大概缴不到两千元就好。"彦诚微笑地说。

"这样很多好吗?"明彰不客气地说,"我一个月薪水也才不到一万元,就要花两成在保险上,这样太多了。我还要缴房租、水电费用,不可能买这么多的保险!"

"哥!我这是帮你耶!"彦诚有点不开心地说。

"话不是这么说的啊!"明彰回应着。

"哥,你不是最疼我吗,现在就当作帮帮我,我需要业绩啊!"彦诚开始使用亲情攻势。

"这……"换成明彰不知道该如何回答了。

彦诚看到明彰支支吾吾,马上就把保单拿出来,跟明彰说:

"哥在这边签名就好！其他的我都会帮你处理好！"

看着渴望业绩的弟弟，明彰无奈地签下了名字。

亲情推销，该如何面对？

在推销行业当中，最常找自己亲友的就是保险与直销，只要有亲戚做了这两种行业，往往就容易被推销，让你购买相关的保单或商品。如果自己刚好有这类需求倒还罢了，最常破坏感情的状况，就是明明没有需要，或是已经超出自己的能力范围，但是却被亲情绑架，不得不购买相关的服务或产品，导致关系越来越疏远。

当我们面临亲情推销的时候，该如何处理呢？最常见的情形就是明彰的决定，为了维系亲情而被迫购买，到最后给自己带来压力，让自己不开心。第二种状况就是狠下心来不购买，导致对方跟自己有了嫌隙，自己也会不开心。既然不能说要，也不能说不要，那该如何应对呢？

当面对这类的亲情推销时，首先要确定自己的能力与意愿。以案例中的明彰为例，应该跟彦诚说清楚，自己的预算就是每个月一千元，超出这样的预算就会有经济压力。

你要让对方清楚：我有意愿帮你，但我可以帮你的程度是到哪里,其他的你要自己想办法!如果没有先说清楚,让对方予取予求,最后才想要拒绝,就会搞得双方都不开心。

所以面对亲情推销,重点就是厘清产品是不是自己需要的,如果不是,就尽量把风险控制在最小范围内,好好地跟对方沟通清楚,不要因为害怕冲突而不敢说,拖到最后只会把事情越弄越糟。

你有说不的权利!

面对人情压力,往往都会碍于感情,而无法让"不"这个字说出口,但这样下来反而会让自己更受伤,所以要如何说"不",就是一件很重要的事情。

练习

1. 先回想一个过去发生过,你明明想说"不"却又不得不同意的场景。

2. 然后重新回到那个场景,找到其中的关键点。

3. 重新设计桥段:如果这件事情重新来过一次,你会如何处理与应对?

都是一家人，就要互相帮忙？——放下受害者的心态

刚签完明彰的保单，彦诚觉得这实在太顺利了，于是隔天拨了通电话给淑萍，想要约姐姐出来喝咖啡。

"姐，最近有空吗？要出来聊聊天吗？"

"我听哥说了，你现在在卖保险啊！真是无事不登三宝殿啊！"淑萍从小就跟弟弟感情不好，一接到弟弟的电话，马上就直话直说了。

"姐！干吗这样说。"彦诚尴尬地说。

"我就把话说明白了，我是不会买的。"

"好啦！我知道了！"彦诚不开心地挂了电话。

当天晚上，淑萍就接到妈妈的电话。

"淑萍啊！听说你今天跟彦诚讲电话很不客气呀！"妈妈说。

"没有啦！我只是跟他把话说清楚而已啊！"淑萍心想：这

个臭小子！又去跟妈告状。

"淑萍，你也知道彦诚刚起步，你怎么不帮着他？"妈妈开始对着淑萍唠叨了，"做哥哥姐姐的，一定要帮弟弟妹妹啊！你这样不就是浇他冷水吗？这样他会很沮丧。"

"妈！他已经不是小孩子了，他要学着自己靠自己啊！"

"但也要你和明彰帮忙啊！"妈妈说，"兄弟姐妹之间不能这样，你们都进入社会一阵子了，总是要帮一下弟弟啊！"

"妈！你这样会不会帮得太夸张了？"淑萍说话有点大声，感觉自己快要爆发了。

"你就给阿诚一个机会，听一下也好啊！"妈妈说，"就买一份保险，又没多少钱，你又不是付不起。当初我们两个老的也是这样栽培你，让你补习、学才艺，让你念好的大学，现在不过就是要你帮一下弟弟，你就跟我这么大声，你要怎样？"

听到妈妈这样说，淑萍突然就像泄了气的皮球，无奈地说："好啦！你跟阿诚说，叫他明天晚上来我家找我。"

最后淑萍跟彦诚那里买了三份保单。

兄弟姐妹之间的帮忙，该怎么做？

兄弟姐妹之间，常会因为要不要帮忙而伤脑筋，尤其是当有父母的介入时,就更加难以拒绝。要如何面对这样的压力呢?

很多人到最后都干脆顺从父母的意思,觉得这样才不会出问题,造成和父母之间的嫌隙。

这个结的确不好解,但也不是无解。

首先我们需要认知到:不管你要不要帮自己的弟弟、妹妹,你都得先跳出"被害者情结"。倘若因为爸妈的关系,而必须要去帮助兄弟姐妹时,最容易跳出来的一个问题就是:"为什么是我?"

不知不觉中,就会有"被害者情结"。

当我们有"被害者情结"的时候,就会影响自己的心态,甚至影响了未来的生活。所以,当我们被父母的情绪绑架的时候,千万要提高警惕,不要让"被害者情结"继续伤害自己。

什么是"被害者情结"?

就是认为自己无能为力,只能顺着情势的发展,任由他人摆布,而自己就是那个被害的人。如果我们不知不觉中习惯成为被害者,就会逐渐养成怨天尤人的习性,到最后我们会把自己的人生搭进去,觉得自己就是人生当中载浮载沉的浮木,一切都是如此的无能为力。

所以,当我们不得不被情绪勒索的时候,记得不要把所有的问题都推到自己身上,让自己成为被害者,这样不但对人生没有帮助,还有可能让自己的信心受损,并不划算!

采取任何行动前，先暂停三秒

+

很多人常常会因为自己被情绪勒索，而掉入受害者心态，到最后就会变成一个怨天尤人、无法好好面对自己生活的人。想避免这样的问题发生，就要当你开始行动之前，先暂停一下，让自己回到"临在"，回到当下，重新把自己的状态调整好，再继续之后的行动！

练习

1. 在你陷入情绪，想要行动之前，先对自己喊：暂停！
2. 深呼吸，用之前所教的方式，把你的觉知带回到身体上。
3. 经过几分钟的深呼吸之后，让自己从那样的状态中离开。
4. 之后再决定是否采取行动。

⋮⋮⋮ 小钱都要计较吗？——亲兄弟也要明算账

彦诚做保险没几个月，就因为业绩不佳，没通过考核，他觉得自己很失败，也不愿意出去再找工作，就一直在家里让爸妈养着。因为彦诚是老小，爸妈特别疼爱他，所以也就放任他去了。

就这样过了几年，三个人的爷爷过世，留下了一大笔遗产，除了给所有的儿子外，遗嘱中也交代，将部分遗产均分给孙辈。也因此，明彰、淑萍跟彦诚都能分到将近七万元，算是多了一笔小财，仨人都十分高兴。

分遗产的前几天，彦诚对明彰、淑萍说："那天你们都要上班，要不我帮你们领了，然后帮你们存进银行？"

"也好。"于是明彰跟淑萍就把印章跟存折交给彦诚。

几天后，明彰同淑萍找彦诚拿存折时，发现每个存折里只存入两万元，明彰同淑萍就直接质问彦诚："怎么我们的都少了五万元?"

"你们知道我后来都没工作啊!"彦诚说,"所以我需要生活费,想先跟你们借五万,然后我就去贷款买了这辆车。"彦诚说完后指了指外面的二手车。

"你怎么可以没有经过我们同意,就擅自挪用呢?"淑萍第一个开口,"这样算是盗窃、侵占!"

"姐!"彦诚说,"我都说了是借,干吗把话说得这么难听呢?"他又说,"反正你们都有工作,不差这点钱啊!"

明彰看到弟弟这种态度,生气地说:"这件事情爸妈知道吗?"

"不知道啊!"彦诚不在乎地说,"又没有多少钱,干吗跟他们说。"

正在气头上的明彰跟淑萍,决定直接回家找爸妈说清楚。

刚进家门,淑萍就对爸妈说:"妈,你看你的好儿子,挪用我跟哥的钱了,还一副无关紧要的态度。"

这时候爸妈还没有会过意来,经过明彰的解说,才知道原来是彦诚挪用了明彰跟淑萍的钱。

"彦诚!"妈妈不开心地说,"你怎么可以挪用呢?"

"我要买车啊!"彦诚貌似委屈地说。

妈妈对明彰、淑萍说:"你们就当是借给他嘛!"

爸爸也说:"这几年弟弟都没有工作,你们就当帮一下弟弟,有什么好大惊小怪的?"

"那是爷爷留给我们的。"明彰不高兴地说,"弟弟不可以不跟我们说一声就拿走啊。"

"弟弟先拿走是不应该,但你们知道就好,不用特别跟我们说吧!"

明彰也不客气地说:"我跟淑萍的意思是,弟弟应该把钱还给我们。"

"不可能。"彦诚说,"我都拿去买车了,其他的是我的生活费。"

"不行!"淑萍果断地说,"今天你一定要把钱还给我们。"

这时候爸爸不开心地说:"你们就一定要把账算得这么清楚吗?我说不要计较了,你们还一直计较,是把我们两个老的当空气吗?"

妈妈附和道:"又不是什么大钱,干吗这么计较?"

明彰跟淑萍听到爸妈都这样说了,只好静默不语。

不卑不亢地表达自己的立场

面对上述情况中父母的强势庇护,我想大部分人都难以说"不"。即便如此,仍要表达自己的立场,要让父母知道这样的做法不对,就像是明彰跟淑萍可以对父母说:"我们计较的不是钱,而是这样的处理方式不对。弟弟需要钱可以先跟我们说,而不是擅自挪用,这样是对人的不礼貌。"

不管父母是否接受,仍必须表达自己的立场,告诉他们这是错的!

再来,因为父母的偏袒,所以子女往往会对父母开始有了厌恶感,觉得父母不公平,觉得自己不被爱,就此埋下不好的阴影,这种情况如果在子女越年轻的时候发生,越会影响他们的身心状态,甚至对他们的未来产生恶劣的影响。

这时候,或许需要从"心"改写人生剧本。

从"心"改写剧本

有时候,有些小孩觉得自己在受到排挤的环境中长大,觉得自己孤立无助,缺少支柱,也缺乏"爱",所以他们渴求他人的"爱",总是希望别人的目光可以停留在自己身上,在他人的注视中看见自己的价值。

但这样,会让自己不断地想要"乞求爱",进而更加害怕冲突,更加容易被情绪勒索。

那么,要如何找回"爱"的感觉呢?答案是:从自己的

"心"下手。

我们都没有第二次成长的机会,我们过去的记忆会形塑现在的生命,但是人的记忆跟感觉的可塑性很高,只要不断地调整,我们的记忆跟感觉是有可能被改变的。有一个简单的方式可以重塑我们的想法,让一些好的感觉逐渐盖过那些不好的感受,让被爱的感觉停留在心中。

这时候,你可以选择过去一个不好的经验,那个父母不爱自己的时刻,然后想象有一个新的剧本出现,那就是父母非常支持你的想法,他们给你无条件的爱,让你感到被支持、被爱,你的心里都是粉红色的泡泡,那是一种被爱填满的感觉。因为拥有这样的爱,你可以更有勇气面对任何事情,包括被情绪勒索等,你都将逐步克服,因为你的人生充满着爱,所以不需要接受别人的认可甚至勒索,也可以感受到满满的爱!

你或许会说:这有可能吗?

如果你从未尝试过,当然不可能!事实上,只要你重新去调整,重新去经历那个充满爱的时刻,就会让大脑逐步调整自己的想法,现在的自己也会更有自信,更能感受到爱!

与父母和解的冥想

+

现在我们准备要进行内在模式的调整,与父母和解,回归爱的本质。或许有些时候,爸爸妈妈不是很完美的人,我们对他们要求过高,甚至期望他们变成另一个模样,可如此一来,我们就无法看见生命的真相了。

生命的真相就是,我们必须通过爸爸妈妈拥有生命。如果换成别人的爸爸妈妈,那就不是现在的你了。因此,要接受生命的真相。虽然外在的父母有种种令我们不满意的状况,但真正的心结、真正的实相,是来自我们内在对他们的解读和认知。

所以只要跟我们内在的爸爸妈妈和解,就也是跟自己和解,就能以新的视角面对新的外在状况,生命力就会重新展开,回到爱的本质上。

练习

好，闭上眼睛，深吸一口气，慢慢地吐出来。

我们先来跟妈妈和解，通过感谢和谅解，来进行这场内在的旅程。

请再一次呼吸，把焦点慢慢地转到内心来。

请你想象妈妈的样子，邀请她来到你的面前。

通过跟她眼神的交流，与妈妈慢慢地连接起来，形成爱的能量圈圈。

然后发自内心地对她说：

妈，感谢你，是你把我带到这个世上来，
如果没有你，就不会有我这个生命。
虽然，我曾经因为你所做的事情，而责备你、抱怨你，认为你不够好，但是我由衷地感恩你，
没有你，就没有我，如果我生在别的家庭，我就不再是自己，而是别人了。
妈，你所给我的是最珍贵的生命，
其他的如果我有需要，我可以从别的地方找到，
但是，只有你给予我最珍贵的生命，谢谢你。
你是我的妈妈，除了你之外我不要别人。

最后用你的方式跟妈妈说谢谢。

你可以鞠躬或磕头，或者深深地拥抱。

你可以从内心发出爱的能量圈圈，送爱和光给她。

接下来是与爸爸的和解，通过感谢和谅解，进行这场内在的旅程。

请再一次呼吸，把焦点慢慢地转到内心。

请你想象爸爸的样子，邀请他来到你的面前。

通过跟他眼神的交流，与爸爸慢慢地连接起来，形成爱的能量圈圈，然后发自内心地对他说：

爸，感谢你，是你把我带到这个世上来，
如果没有你，就不会有我这个生命。
虽然，我曾经因为你所做的事情，而责备你、抱怨你，
认为你不够好，但是我由衷地感恩你，
没有你，就没有我，如果我生在别的家庭，我就不再是自己，而是别人了。
爸，你所给我的是最珍贵的生命，
其他的如果我有需要，我可以从别的地方找到，
但是，只有你给予我最珍贵的生命，谢谢你。
你是我的爸爸，除了你之外我不要别人。

最后用你的方式跟爸爸说谢谢。

你可以鞠躬或磕头，或者深深地拥抱，

你可以从内心发出爱的能量圈圈，送爱和光给他。

然后慢慢地与他们道别，把所有的感受默默地收在心中。

深吸一口气，慢慢吐出来，慢慢回到当下，回到自己。

睁开眼睛，感恩这个旅程。

⋮⋮⋮ 回家过年是义务吗？——选择没有对与错

经过这次不好的事件之后，明彰跟淑萍觉得很生气，于是两人约定这次过年不回家。

快要接近春节的时候，妈妈拨了电话给明彰："明彰，你什么时候回家啊？"

"怎么了吗？"明彰问。

"你爸说如果你提早回来，就可以开车带我一起去买菜啊！"妈妈说。

"这样啊！"明彰迟疑了一下说，"我们今年过年可能需要轮班，没有办法回台北耶！"

"轮班？怎么以前没听你说？"

"我之前的公司没有这样过啊！"明彰说，"后来换了这家公司，今年有了轮班的新规定，所以我就没办法回去了。"

"这样啊!"妈妈说,"那你自己好好保重啊。"

几天后,妈妈也打了电话给淑萍:"淑萍啊!你什么时候回娘家?"

"妈,我今年不回去了。"淑萍有点冷淡地说,"我婆家今年过年打算出国,所以我不回娘家了。"

妈妈觉得事有蹊跷,于是继续逼问淑萍:"是不是因为上次的事情,你和明彰不高兴?"

"对啊!"淑萍也很直率地说,"反正你们只疼弟弟,刚好哥哥要轮班,我也不一定要回去,跟老公约好一起出游了。"

"你们太过分了。"妈妈生气地说,"我们把你们养这么大,你居然说这种话!"

"我不觉得这有什么。"淑萍说,"既然你们眼里没有我跟哥哥,你们只袒护彦诚,那就这样吧!"说完她就把电话挂了。

不要把所有的事情都放到天平上来

回不回家过年,觉得是不是大逆不道,这些都取决于每一个人自己的想法。现代人工作忙碌,有时候会趁春节的时候,出国度假,休息没有错,只看你是否需要。

有没有回家过年,其实并不是最重要的事情,重点是:你回家的意义为何？如果你想要陪伴父母，就不一定只是在过春节时回去，平时只要有空都可以！

　　当你自己问心无愧时，就不需要担心自己不回家是被说为冷酷无情的。每个人都有自己的生活要过，有些人要上班，有些人要出游，有些人趁这时候进修，有些人则是想要放松自己，给自己一段静心的时间，这都是个人选择，并没有对与错，不需要把任何事情都放到天平上来称。

　　生命中的每一个选择，都是我们自我意识的投射，想要摆脱情绪勒索的枷锁，就得拿回自己的主导权，不要把焦点放在他人身上。

　　如果你的心可以不乱，就能有余裕处理任何情绪的纠结。

　　这时候你才会发现，生命的所有过程都是礼物，就连情绪勒索也一样。

　　现在请找一个地方，让自己安安静静地安住在那个位置上，然后有规律地呼吸。什么事情都不要做，什么音乐都不要听，就这样静静地坐着，一步步回到自己的内心，把纷乱的意识都聚焦到内心当中，好好地跟自己相处一阵子吧！

　　通过反复练习，你会更容易把焦点集中在自己的内心，而不是他人的指指点点，让自己更能接受这样的自己。

正念能量的心灵练习

搜集幸福，打造属于自己的幸福笔记本！

1. 找一个地方安静地坐下来，什么都不要想。

2. 去感受一下，哪些幸福的频率、哪些爱的氛围是你想要的。

3. 打开计算机网络或图片库，去找到任何可以让你感觉到幸福的故事、文字或图片。

4. 把这些与"幸福"相关的文字或图片搜集起来，打造你的幸福笔记本！

5. 当你觉得不开心、受挫的时候，就把幸福笔记本拿出来看一看。

第六章

亲戚真的不用计较？

多年前,有一部连续剧叫作《亲戚不计较》,但在连续剧当中,两家的长辈却是计较得不行,大家谁也不让谁,不只比大人,也比小孩,两家人闹了很多笑话,但这样的事情却不是笑话,它不断地在人们的周遭发生。

对此,这一章会用案例讨论这些问题,再说明如何破解。

::: 难道帮忙都是应该的？——面对"理所当然"的应对之道

育腾曾经在一家上市公司当业务副总，但一直想要做生意的他，最后选择自己创业，成立了一家广告公司，专门协助中小企业做小本广告。因为他的认真肯干，在创业的第三年，他的公司就逐渐稳定下来，生意也蒸蒸日上。

因为公司较为稳定，育腾今年回老家扫墓，刚好所有的亲戚都来了，于是一群人就提议到餐厅用餐。育腾跟爸妈也一起去了，在餐厅时，他发现有些亲戚他之前见过，有些他则根本没有见过。

吃到一半时，育腾聊到自己正在开公司，而之前在某上市公司担任业务副总，只因为想要创业，才离开老东家。

育腾的堂叔就说话了："还记得堂叔吗？刚刚听你说，你之前是某某上市公司的副总啊！"

"对啊！怎么了吗？"

"有件小事想要你帮忙一下。"堂叔说，"我的小儿子，想要进去某某公司，但是一直都没有门路。要不这样，你去跟以前的老同事推荐一下你的小堂弟，这样他就有机会进去了。"

"堂叔，这怎么能帮呢？"育腾有点为难，因为这跟他的信念不一样。

堂叔说："你这句话什么意思？我们是亲戚，帮一下忙都不肯吗？"

育腾解释说："这要看堂弟的实力，他有实力自然就进去了啊！"

"你的意思是我家小孩没实力喽！"堂叔开始无理取闹，"不帮就不帮，有什么了不起，自己开公司就瞧不起人吗？"

这时候育腾心中有股无明火升起。妈妈看到育腾两颊通红，就知道他正在生气，急忙把他拉到旁边。

不视为理所当然，学习如何感恩他人

看到刚刚的案例，应该很多人都心有戚戚焉。这是大部分人的写照，特别是华人喜欢靠关系、走后门，这种人情的请托往往令人难以应对。碰到的时候，通常要不打哈哈让这件事情随时间过去，要不就是虚应一下了事，要真正做到答应或是拒绝，都是比较少见的。

　　这样的情形该怎么处理，最简单的方法就是要好好沟通。不要在大庭广众之下让对方出丑，而是私底下告诉对方做这件事情的难度，这样是相对容易的方法。只要有良好的沟通，这种事情有八成都可以好好解决，剩下两成就是那些不合理的要求，那就只能当作秀才遇到兵，有理说不清，尽量敬而远之了。

　　但关于个人修养的部分，反而是我们需要学习的。

　　我们生活当中，总是会不经意地认为很多事情是"理所当然"，妈妈"理所当然"地要帮助小孩，小孩"理所当然"地要孝顺父母，亲戚之间"理所当然"地要互相帮忙。这些理所当然，会让我们失去生而为人的温度，忘记我们应该要感谢目前所有的一切。

　　感谢、感恩，并不是虚伪的感情，当你体会到"一人之身而百工之所为备"的状况，所有的一切都不是"理所当然"，这时候，你会发现这世界是多么美好，我们需要感恩，感谢所有人的付出，才能好好地活着。

感恩一切人、事、物！

+

感恩，是世界上最强大的力量。当你满怀感恩的时候，就是对世界释放"我很富有"的讯息，这时候宇宙也会回馈你，让你更加富有。这才是所谓马太效应的真谛！

练习

1. 每天感谢一个人、一件事、一个物品，并且说出具体的情况。像是：我感谢妈妈帮我准备好早餐，让我可以每天有精神地上学（上班）。

2. 体会那种感恩之情在心里的感觉。

3. 将感谢散发到全世界，然后全世界会因为你而越来越美好！

::: 每天比来比去,不累吗?——长辈间的隐性竞争

人类是一种喜欢比较的生物,华人更是爱比较。

从婴儿的体重、身高、多早会说话;到上学之后,开始比学业成绩,语文几分、英语几分、数学几分,考什么样的学校,念什么样的专业;进入社会之后,开始比收入、比职位、比成就、比认识了谁;年纪再大一点,就开始比结婚与否、生小孩与否、有没有给父母生活费。就这样比来比去,把一辈子都比完了,但我们赢了什么?

育腾就是在这样的大家族中长大,虽然他现在自己开公司,有了一些小成绩,但亲戚之间的比较却令他非常无奈。

就在回家扫墓的某一天,隔壁的四叔跑来问育腾:"小腾,在台北过得怎样啊?"

"马马虎虎。"育腾笑着说,"之前在大公司上班,现在自己

创业。"

"这样啊！"四叔说，"你小堂弟好像也在大公司上班，好像叫什么，很大的一家公司。"

"我印象中是不是某某公司？"育腾问。

"对啦，对啦！你看我都忘了，和你们公司比，他们公司怎样啊？"

"比我之前的公司大多了。"育腾说，"跟我现在的公司比，那根本就是天跟地。"

四叔听到育腾的回答，笑得合不拢嘴："他就是能干，一路就是南一中、台大。"

"是啊！"育腾赔笑地说，心里却想，四叔这是炫耀吧。

于是育腾又开口："其实产业不同，状况也不一样。像他们那个产业就很辛苦，毛利很少，没有加班就没有好的薪资，所以常常不能回家。你看像这次清明节，他们要准备出货，就没有时间回来帮忙，所以好不好都是见仁见智。"

四叔听完之后，勉强地挤出几句话："对……对啊！他……就真的很忙……忙。快要吃中餐了，我得快点回去，不然你四婶又不高兴了！"

戳破比较的假面具，让关系单纯化！

大部分人沉迷于比较中，却没有发现在这种比较中，没有赢的人，只有输的人。不管是比谁的小孩厉害，比谁的小孩钱赚得多，到最后有些人看似赢了，但却输了彼此的关系。

输的人也有可能因为这样的比较，硬要自己的小孩出人头地，所以通过情绪勒索的方式，想要让小孩更加优秀，却让小孩跟自己越走越远。

有个朋友的妈妈，非常热衷拿小孩来比较。朋友念高中的时候，成绩从原来的前三名逐步下滑，到了第十名。

她对着朋友大吼："如果下一次考试，你有任何一科不及格，你就不要回家了，直接去流浪吧！"

朋友看到妈妈发出的最后通牒，只好努力地看书、做卷子，终于在下一次考试中取得了好成绩。

妈妈只是点点头说："这样才对！"

然后她下一秒钟就拨电话给另外一个亲戚，说小孩这次的成绩差强人意，只能到班上第二名而已，但眼角的笑意高高地挂着，仿佛这样就赢得了世界，但事实上，在这种比较中，没有人赢，全部都是输家。

分享爱、分享幸运、分享幸福

竞争，只会造成纷争；分享，才能成就和谐。当我们面临竞争的时候，总是非要争个你死我活不可，其实我们所需要的东西不见得相同，没有必要分出胜负，甚至我们可以通过分享，让生命更加富有！

1. 尝试把你所有的一切分享出去。

2. 当你想要得到幸福，就分享幸福，让别人更幸福！

3. 当你想要得到爱，就分享爱，让别人沉醉在爱当中！

4. 你可以通过言语的鼓励、物品的分享、能力的传授等，把你所拥有的一切分享出去，通过分享，会让你的生命更加茁壮与强大！

::: 你真的是我们家的人吗？——酸言酸语的应对之道

隔天育腾跟三叔、四叔去祭扫另外一位祖先的墓地，三叔跟他的小儿子坐在车前面，育腾跟四叔坐后面。

四叔在车上很无聊，于是就对三叔的小儿子说："颖恩啊！现在在哪里上班啊？"

三叔一听，就淡淡地说："他现在刚好换工作。"

"是喔！"四叔不死心地追问，"换什么工作啊？"

"我之前在超市上班，现在想换到一家餐饮公司。"颖恩诚实地说道。

"原来在超市打工喔！这不是大学生在做的事情吗？怎么会当成正常职业呢！"四叔挖苦道，"像我儿子，在台北的上市公司上班，当资深工程师，薪水特别高。还有育腾，人家也自己开公司，薪水很不错。我们家的小孩都很优秀，怎么就你在超市打工啊？"

"阿水！"三叔不高兴地对四叔说，"你可不可以少说一点？"

这时候颖恩用手制止了三叔，示意他不要跟四叔生气，然后淡淡地说："对啊！从小我就不爱读书，所以很早就去打工，养活自己。我上大学是靠自己努力，并没有跟家里拿一毛钱。就像四叔您说的一样，我的确不是很优秀，但我很努力，我在离职之前已经做到地区督导，现在我要转去一家餐饮公司当营业处的处长。虽然可能没有小堂弟赚得多，但也是那个区域最高的职位，不知道这样算不算优秀呢？"

四叔听到颖恩的回答，也只能摸摸鼻子说："很好，很好！"

在一旁的育腾则是在心中竖起大拇指，称赞堂弟回答得好。

用幽默化解尴尬，用智慧转变观念！

有些家族长辈，除了喜欢比较之外，还会用酸言酸语来挖苦别人，仿佛全世界就他家的小孩最厉害，而这样的状况往往会让人气得牙痒痒。尤其是有些成绩、工作没那么好的人，更是会被酸得无地自容，但又不能对长辈怎样，只能自己干瞪眼、生闷气。

但是，案例中的颖恩就不一样了，他用不卑不亢的态度来回应四叔的酸言酸语,不但没跟四叔起正面冲突,还反将了他一军,这就是很好的例子。

有时候,面对这些冷嘲热讽,其实不需要太在意,因为这些话通常在你的生命中没有任何意义,如果全都当真的话,只会让自己陷入情绪的漩涡。

因此,当我们碰到这样的问题时,请先把心静下来,不需要太快回应,不需要直接就骂回去。你需要做的事情是深呼吸,让自己有一点缓和情绪的空间与时间,然后想想如何回应。

在回应这方面的话题时,谨记两个原则——幽默与智慧。

幽默就是开开自己的玩笑,或者是用一些话语来润饰,让回击的话语不会太过尖锐,但可以收到同样的功效。

另外就是智慧,智慧是非常难具体化形容的,需要长期跟人互动与沟通之后才会具有。

这两个原则说来容易做来难,需要不断地锻炼自己的心,才有可能做到。

找出其他优点!

+

当我们跟人沟通的时候,往往会出现许多相互比较的情形,这时候不需要拿自己的弱点去比对方的优点,而是善用自己的优势来扭转劣势。

练习

想要达成扭转劣势的效果,可以套用这样的句型:

就像你说的,我并不优秀,并没有(对方所说的事情),但是,我在(哪些方面做的很好,罗列自己做的很好的事情,像是对父母很孝顺等),我也觉得自己做得问心无愧,我对得起父母,我想父母也很欣慰,这样就好了!

不需要把所有人都放在同一个天平上,毕竟优秀的人也有不优秀的地方,出国留学的人总是无法陪伴在父母身边,事业有成的人不见得可以陪小孩长大,只要知道自己有哪些优点就好,用自己的优点来衬托自己的个性,就不会被酸言酸语带着走!

善用优势,面对酸言酸语更从容。

⋮⋮⋮ 别这么不留面子吧！——把焦点定在事情本身上

某天下午，育腾接到爸爸来电，说是要商量奶奶骨灰安置一事，看育腾能不能回来一起商量，毕竟有很多事务要交给年轻人来帮忙。育腾想了想就说好，接着他把工作处理一下，隔天搭高铁回到了台南。

爸爸开着车龄十几年的汽车来接他，然后就直接到大伯父家。一进门就听到大堂哥大声地说："总之，我们已经决定了，四叔不需要再多说什么！"

育腾的大堂哥虽然年届四十，但说话声音非常大，而且脾气也很火爆，有什么高兴、不高兴的都是当场发作，绝不客气。

"你这是什么话！"四叔不高兴地说，"你这也太没有礼貌了！"

原来，大家因为骨灰的存放事宜起了争执。

争执到最后，全场一阵静默。最后还是育腾出来打圆场，并在育腾的协助下，让原本剑拔弩张的气氛缓和下来，大家顺利地把事情讨论完。

对事，不对人

在争吵的场合，最容易出现情绪勒索的情况。因为在场的人都怕情势恶化，希望通过许多让步，达到和谐的结果，但这样，往往只会让强势的人更加强势，并没有真正的和谐。如果直来直往，任由情势自由发展，可能也会造成一发不可收拾的结果。要如何真正做到和谐，让对话可以顺利进行，那就需要沟通能力。

怎样的沟通能力才能真正做到让对话顺利进行呢？这时候就一定要有"对事不对人"的心态。这个心态说来容易，真正要执行起来却不简单。因为人跟人之间在沟通的时候，非常容易有情绪起伏。有时候看似在讲某件事情，但或许这件事情跟某人有关，对方就会觉得是不是在说他，以为对方在进行人身攻击从而造成冲突。

为了避免这种情况发生，我们可以在沟通的时候，先把大原则说清楚：这次的讨论并不是找谁麻烦，而是为了要解决事情。我们不要把焦点放在人的身上，而是要把事情做出一个好的结果。在这样的大前提下，可以让人慢慢练习对事不对人。

让语言纯正

+

我们沟通时若产生情绪,这时候往往出口成"脏",把语言化为利刃,刺向与自己沟通的人。这样就会造成无法解开的心结,而类似的情况,并不是我们想要看到的结果。所以,我们需要练习让说出口的话纯然。

1. 在每次说话之前停顿三秒钟,把想要说的话经过一下大脑。

2. 想想看这样的话是不是会伤到人?有没有情绪勒索他人?

3. 考虑一下措辞是不是太过尖锐,会不会让人有不好的反应?

4. 通过这样的检视,可以让情绪语言的伤害降到最低。

⋮⋮⋮ 事业有成，就要负担多一点？——来自金钱的考验

当大家讨论奶奶的骨灰安置相关事宜时，提到墓地的分摊金额，育腾唯一的姑姑说："我是嫁出去的女儿，这钱我不出。"

三叔则说："看大家怎么分。"

大堂哥对四叔说："四叔，你这几年赚得很多，应该要多出一点吧！"

四叔听到之后说："我哪有赚很多，如果说赚钱，应该是小腾。他现在事业有成，可以多负担一点。"

育腾听到这句话，觉得自己"躺着也中枪"，但他始终不做回应，听着大家七嘴八舌，最终没有办法达成共识。

育腾看着这些人的嘴脸，觉得有点难过，这就是他的亲戚，这就是奶奶辛苦养大的小孩，却连一个墓地钱都要斤斤计较。

最后，育腾对着大家说："你们都别吵了，我来出吧！"这才结束了一场闹剧。

转换想法，迎来丰盛

亲戚间反目成仇的最大原因，通常都是钱。尤其是在分配财产或者是要一起分摊费用的时候，就是考验亲情的最大关卡。为了钱，会出现赤裸裸的情绪勒索，会出现许多尔虞我诈，也可以看见非常黑暗的情况，许多的纷争就这样出现。

但是你可以选择不一样的生命态度，是要跟这贫穷的、资源有限的想法过日子，还是要活在丰盛的状态下，这些都是每个人的选择。而育腾就在最后的权衡下，决定要活在一个丰盛的、有质量的生命当中，自愿选择承担全部费用，让自己成为金钱的主人，而不是被金钱奴役的奴隶。

什么是丰盛？什么是贫穷？这些都有赖于人的定义与经历。一个挥金如土的人，他总是会觉得钱不够用，就算是一千万也不见得能用多久，但对于每天只需要吃几碗卤肉饭的劳工来说，一点点钱就可以够他们用很久，这时候一千万对他们来说就是丰盛。

既然我们无法通过金钱来定义丰盛，那么还有什么可以定义丰盛呢？真正的丰盛是给予，一个愿意给予的人，一定是内心丰盛的人！

所以，当我们遇到被迫要多付出一点的时候，就应该要想：我们能付出是因为我们丰盛。在付钱的时候，自然就有丰盛的心，也就能活出丰盛的生命！

祝福生命一切存在

祝福，也可以转换你的内在状态。请仔细想想，我们到底有多久没有祝福别人了？更别说发自内心的祝福了！可能只有在朋友结婚或在家人获得喜事的时候，我们才会展现真心的祝福。更多的时候，我们表现出来的都是嫉妒、不甘心，甚至还会在心里诅咒对方，但这样做对我们绝非好事。

如果你愿意，就开始学习祝福别人。如果你面对情绪勒索，就试着去祝福对方，让事件中的每个人都得到你的祝福。只要我们发自内心地祝福每一个人，就能不断清理生命中的一切，并且让潜意识中的负面可以有机会被转化，成为生命中有益的存在。

要怎么祝福对方呢？你可以当面祝福对方，也可以默默在心中祝祷。至于祝福的内容，可以是祝福对方越来越开心、越来越快乐，也可以祝福对方生命越来越圆满、越来越有智慧，或是祝福对方越来越有钱、收入越来越高！反正，祝福对方又不需要花钱，还能帮到自己，何乐而不为呢？

每天写下"给予一个人发自内心的祝福"，最少持续三十天。

第七章

从能量角度看情绪勒索

从第一章开始到第六章,我们都在谈如何破解情绪勒索、如何远离情绪风暴、如何沟通、如何凝视善意等,这些都是一些心理学的技巧,但有没有一种方法,可以看透这些情绪勒索的状态呢?有没有真正一劳永逸的方法呢?

⸬ 搞定情绪，我变得有智慧——从学员的心得说起

我是一个从小常有情绪困惑的人，我的母亲曾跟我说，翅膀硬了，要离开家了。

小时候的我不懂，觉得妈妈到底是要叫我"离开家"还是"不离开家"，我很纠结，因为怎么做都不对。离开家会被骂，不离开家，妈妈照样不开心。

我的内在很担心，怎么做大家都不会满意，妈妈不满意，爸爸不满意，我的内在也不满意。

但是修习过安老师的能量课程后，我发现有点不一样了。在刚开始接触老师的课程时，老师其实在意识里偷偷下了一个暗示。

而这个暗示，是告诉我们内在要保持在开心的频率上，频率跟身体的能量是呼应的。内在的频率就好像看不见的种子，告诉

我们内在的小孩不要害怕，开心地做自己，当我们逐步练习，便能以一种不同的心态去跟周边的人接触。

我发现，那个故意搞怪、想要借此来吸引别人注意的自己，其实是不知道如何自处的自己。当我有觉察的时候，我知道有时候我正在进行情绪勒索，而有时候我正在"被"情绪勒索！

接下来的一个阶段，你会知道你的人生是有选择的。你可以选择跳开这样的僵局，而且不知道为什么，就直接跳脱了。这时候，周边的人会慢慢减少玩"情绪勒索"的把戏，又或者他们知道我只是陪他们开心地玩玩游戏，知道自己的内在只是在开情绪勒索的玩笑。

我觉得这个状态应该是意识上的丰盛带来的。从前那种担心受罚、被骂，来自父母的压力感减少了很多，并且会发现在感觉、意识或者物质上，我越来越有能力去给予了。

陷入情绪勒索的困境时，容易让"爱"变质，生活变成一摊烂泥，而坊间的情绪勒索工作坊，强调的"感情界线""说不的能力"，抑或"逃离现状的方法"，虽说很务实，保留了自身的完整性，但无形之中，也伤害到另外一个人的心。而小安老师的方法，不仅可以保留自身的完整性，还能完整对方，进而站在更高的层面面对事情、处理事情。

⋮⋮⋮ 上演控制戏，掌握情绪的能量流动

想要真正从"情绪勒索"这个游戏中解脱出来，就不能从原来的命题往下看，要不然就会陷入迷宫跟困境，常常解决了一个，又会生出另一个。所以，让我们看清楚情绪勒索的本质吧！

到底什么是情绪勒索的本质呢？本质就是情绪，情绪则是能量的流动，情绪的高低决定了能量流动的方向。通过一些控制的手段与方法，可以让他人的情绪状态下降，这时候能量就会流向控制者。

在一本书中就提到过，两个人之间的交流，就是能量交流，如果想要夺取能量，最容易的方法就是通过控制达到目的。

一般来说，人间上演的控制戏大致可分为四类：胁迫、审问、冷漠、乞怜。

"胁迫"就是直接强迫别人屈从他，就像是爸妈威胁小孩，

如果小孩不听话，就会丢弃他们、不给零用钱，或是用任何会让小孩屈从的方式，这就是胁迫。

"审问"者控制他人的手段比较委婉巧妙，专门在对方的言行里挑毛病，一步一步摧毁他的世界，以夺取他的能量，像是爸妈会数落小孩的成绩不好、家务事没做好，让小孩认为自己很差劲，进而控制小孩的能量状态。

"乞怜"则是最消极的控制戏，乞怜者通过贬低自己的方式，希望能获得同情与关爱，以便控制对方。就像有些父母会对小孩说："我很命苦，一个人拉扯你们长大，吃尽了苦头，所以你们要孝顺我。"通过增强对方的罪恶感，让对方顺从自己。

最后就要提一下"冷漠"者，冷漠者是最不容易被察觉的控制者，他们通过一些看似"民主的语言"，实际却是另外一种控制方法，像是"随你啊！反正后果我不承担！""你开心就好！与我无关！"言下之意，就是如果你不被我控制的话，你自己看着办吧！

这四种类型是不是跟我们之前提到的施暴者、欲擒故纵者、自虐者、悲情者等情绪勒索者有相似之处呢？

从潜意识开始的旅程

当我们了解情绪是由能量组成,所有的情绪勒索都是在剥夺能量时,就可以从这个层面来思考"情绪勒索"这件事。我们的能量状态来自几个很重要的元素:身体、心理状态、潜意识与超意识。

身体

身体是我们在这个世界上最重要的工具,身体不好,当然就无法发挥最佳潜能。我想读者也应该有这样的经验,当你身体不舒服的时候,根本无力抵抗别人的情绪勒索,别人的任何要求,你都可能会接受。

所以身体是发挥能量最好的工具,善待自己的身体,随时保持在最佳状态,就可以避免被剥夺能量。

心理状态

人的心理状态、情绪高低,也是能量的重要元素。当一个人心理状态不好的时候,也很容易被情绪勒索。不知道读者有没有这样的经验,一旦被激怒,你的情绪状态就会非常糟糕,这时候人家刺激你要你做出决定,你就很容易答应。

最常见的就是别人说:"我就说你不敢吧!"

这时候处于被激怒状态的自己就很有可能回应:"谁说我不敢!去就去!"然后就把能量的主控权交出去了。有些乞怜者就是把气氛搞得很悲情,让你觉得不听他的话不行,最后就顺从他的意思,这就是通过心理状态影响结果。

潜意识

潜意识是连接超意识与现实世界(身体与心理状态)最重要的枢纽,如果我们在潜意识中累积很多不好的经验,像是从小被情绪胁迫、被乞怜者要求之类的,等到同样情形出现时,就很容易重复同样的结果,形成另外一种重复。想要扭转现实世界与超意识,就必须从潜意识下手。

超意识

超意识就是所谓的宇宙意识、大我意识,也就是集体意识,这些集体意识也会决定能量的高低好坏。

这样的说法听起来不容易理解,但我们可以举一些实际的案例来解释,就像是有些地方,你到了那里就觉得很舒服,身心得到放松,这时候你会精力旺盛,仿佛有取之不尽,用之不竭的能量。

但有些地方你一进去,就感觉到不舒服、想睡觉,让你有种压迫感,可能就是这些地方的能量不太好。超意识不只是场所的问题，还包括人、事、时、物等，这些都是超意识的范围。

如果我们想要真正从情绪勒索中解脱，就得从潜意识着手，进行自我调整，这是最快也是最有可能达成一劳永逸的方法。

喜悦誓言

+

我愿意选择喜悦，而非受苦地过日子。

此时此刻，我们体验到的痛苦是不存在的，生命的喜悦会涌入我心中。

从今往后，我所经历的痛苦皆是虚幻，只有喜悦才是实相。

我之所以会痛苦，那是因为我还在梦里头，也是小我的骗局。

我的喜悦是在展现觉醒的状态，是真真实实的。

⋮⋮⋮ 不求爱、不讨爱，而是成为爱本身！

在进入潜意识之前，我们还是回到一个话题：爱。

纵观所有的情绪勒索者与被勒索者，会发现有一些共通点，那就是他们都渴求"爱"。容易被情绪勒索的人，通常会有三种特质：

- 没自信，所以需要别人的爱与认同。
- 罪恶感，所以需要别人的爱与认同。
- 安全感，所以需要别人的爱与认同。

那么，喜欢情绪勒索他人的人呢？也有三种特质：

- 没自信，所以需要别人的爱与认同。
- 罪恶感，所以需要别人的爱与认同。
- 安全感，所以需要别人的爱与认同。

我们会发现，这三种特质居然一模一样！这表示不管是情绪勒索或是被情绪勒索，其实都是一回事。通常擅长情绪勒索的人，也是经常会被情绪勒索的人。有些人小时候被长辈情绪勒索，等到长大后，就会情绪勒索自己的晚辈。这并非出于他们本意，他们只是没有觉察到自己的状态，所以把这样的状况重演了出来。

举例来说，一般婆媳之间的关系通常都不太好，等到自己媳妇熬成婆的时候，就会用一样的态度来对待自己的媳妇，然后媳妇就会觉得委屈。等到自己成为婆婆的时候，却又继续同样的状况，这就是一种重复。

为了终结这样的重复，就需要觉察：自己喜欢这样的结果吗？可以改变些什么吗？唯有发现自己正在重复当中，才有机会打破重复。

爱是什么？

爱，是世界上的稀缺资源，却也是最丰沛的资源。爱是世界上最少的能量，也是最饱满的能量。大部分人无时无刻不在渴求爱的存在，所以我们通过夺取别人的爱或是交换爱来感受爱，却不知道其实爱就在你的心中，不曾离开。

这世界是由物质与能量构成的。世界是由"无"所构成，这个"无"就是能量状态。这股"能量"，也就是"爱"，时时刻刻在我们的周遭，我们随时可以取用这样的"爱"。

但我们却没有！

这是因为我们太关注现在的物质世界，太关注眼前的生存，却忽略了更多的精神层面，导致我们失去了与能量连接的能力，只能通过互相剥夺来找寻残存的爱。

但其实我们可以改变！

我们可以不去剥夺别人的爱，也可以不再乞求爱，更可以不再讨爱，因为这宇宙的爱是如此无穷无尽，根本不需要去掠夺。我们所需要做的事情，就是成为"爱"本身。

当我们跟宇宙的本源连接的时候，就能够笑看这个虚幻的控制游戏，我们可以看清楚这些情绪勒索不过是在乞求爱，想要从另一个人身上夺取爱。当我们可以随时随地跟整个世界的能量相连接时，我们就拥有源源不绝的爱，这时什么情绪勒索都不存在了。

成为爱的管道

+

说是要成为爱本身,可惜爱也很抽象,但是我们可以通过开启潜意识的方法,来连接爱的能量。

1. 你可以放松地坐着。

2. 想象有一股清新的能量从宇宙灌入到你的身体当中,这股能量可以是粉红色、红色、白色、紫色,你想象爱是什么颜色,就是什么颜色。

3. 想象自己跟这股能量的连接持续存在,吃饭的时候存在,睡觉的时候存在,走路的时候存在,你能感受到那股能量跟你紧密地连接在一起。

4. 持续做,你就可以慢慢感受到爱,并且成为爱的管道。

⁝⁝⁝ 境随心转，心随念转

在许多经典著作当中，都提到一个观念：这世界，就是我们意识的投射。你想要看到什么环境，这环境就会出现。有些人会不服气地质问：我们不想看到贫困，但为什么就是看到贫困呢？

比如，我们看到一个老婆婆在卖东西，很多人会说："老婆婆好可怜，年纪这么大还要工作。"

但我就会想："她的身体很健康，所以才能出来卖东西。我去跟老婆婆买东西，就会让她开心，让她保持健康。"

这时候，世界虽然依旧，但你看世界的观点已然不同，结果当然也就不一样！你对世界的诠释，决定了你如何看待这个世界，这就是境随心转。

从种子开始的四阶段转化

我们之前提到潜意识是旅程的起点,也提到种子的概念,而过去的许多种子,就是种在潜意识这片心田当中的。所以当我们意识到问题时,通常都是种子发芽、茁壮成长为一棵大树时,我们才会发现问题的存在。这时候,我们常做的事情就是:砍掉树枝、截掉树干,却没有想过要将大树连根拔起,以致造成了"春风吹又生"的状况。

那么,我们要如何在潜意识中种下好种子呢?可以从四个阶段来进行:

第一阶段:发现真实自我

第一阶段是让我们的心回到最初的原生反应。通过探索自我,你将回归最原始的情绪本能。现代人的情绪过于"社会化",许多情绪一层又一层地掩盖着,所以你必须要做真实的自己。之后,你会发现自己有了感知能力,能够去处理这些情绪勒索所带来的"问题假象"。

第二阶段:与初生婴孩的氛围连接

在过去,周边的人不断地用情绪碾压你,如果想要让这样的情况改变,就得回到初生状态。大家对婴儿的表现从不曾责怪,所以当我们可以试着与内在初生婴孩的状态进行连接时，自然就能用最纯真的心来面对世界。当自己外在的氛围变得和缓，情绪困境也会逐一消失。

第三阶段：灵魂感知与给予

通过前两个练习，你的内在灵魂会逐渐丰盛，当内在被满足，就有能力给予他人。在这个阶段，我们逐渐与对方的频率协调，并且升华到灵魂层次去给予，在调频感知的过程中，有时候更像是无线充电一样，无须线路，就可以丰盛他人。

第四阶段：转化这场人生游戏

我们在这个世界当中，养成了许多错误的情绪，其中最严重的情绪，通常是执着于"输赢"，这可以说是处于情绪困境中最难面对的问题。

所以在这个阶段，我们用轻松的态度来面对人生，把人生当作一场梦，时时刻刻活在当下，处在每一个临在中。这时候，我们可以轻松地转换这场人生游戏的氛围，将输赢变成一场美梦来进行，让原本非赢即输的游戏被瓦解，进而达到情绪的双赢。

把专注力拉回到自己身上

面对这个世界,我们很容易把专注力放在外界的变化上,世界的巨大变化让我们的脚步无法跟上时,就会感到自己的无力与无助。这时候我们很容易把能量主控权交给他人,包括自己的亲人、师长、上司、朋友等,仿佛把权力交给别人,自己就可以免除所有的责任,但事实并非如此!

到最后,面对自己的,还是自己。

你的开心、难过、快乐、悲伤,还是只有你自己承受,如果把专注力都放在外面,你的心灵将会充满这些情绪,并且感受到自己的无能为力,认为自己无法改变这一切,只能眼睁睁看着自己把生命的能量一点一滴耗尽。

但这真是你想要的吗?

这是你降生的意义吗?

人活这一生,真的只为了生存而已吗?

你无法否定的是:最后,你还是得反求诸己。

你必须把专注力拉回到自己身上,让意识回归自身,认知到自己就是那个能量的来源,自己就是爱本身!所有的爱无须外求,就在我们心中等待我们去挖取。我们无法从外面取得爱,只能诉诸自己的内心。这就是为什么我们需要把焦点拉回到自己身上!

如果你能够诚实地面对真实的自己,那就能踏出与爱连接的第一步!

爱自己

+

爱自己,是一件说来容易做到难的事。很多人会觉得,我都是吃大餐、喝好酒、过好的生活,难道这样不是爱自己吗?可惜,这样的行为通常都是糟蹋自己!

真正的爱自己,是跟自己相处得很融洽,你不需要通过外境的状况,就能体会到爱的温暖,这样才是爱自己!

1. 在洗澡前,把自己脱得一丝不挂,然后紧紧地抱住自己。
2. 去感受一下,你有多久没有好好地这样抱住自己了?你有多久不曾这样接触过赤裸的自己?
3. 去感受一下,如果抱住你的就是"爱",就是你的信仰、你所渴望拥有的一切,那么你会感觉到多少幸福?会感受到多少爱?
4. 去感谢上天所给予的爱吧!

::: 走自己的生命之路！

生命旅程是热闹的，也是孤独的。出生的时候，你周遭有许多人；离开的时候，通常周遭也有许多人。你是一个人来，也是一个人回去，没有人陪着你一起来，通常也没有人陪着你一起走。所以，每个人的生命旅程，都是自己一个人走，在路上碰到的其他旅人，都是你的伙伴。

我们从情绪勒索谈起，而终于生命之路。这是因为情绪勒索不过就是生命中的插曲，所有的勒索都是过客，不应该在你身上留下烙印，也不应该影响你跟其他旅人的关系。

情绪勒索，不过就是一种生命中的幻觉，但人们常常把这样的幻觉扩大，甚至影响自己，误认为自己无能为力，这样才能成为一个被害者，因为我们以为：只有成为"被害者"，才有可能成为"被爱者"。

但是抱着这样的心态,无助于我们接触真正的爱,无助于我们的生命旅程。这样的被害情结不该是剧情的主轴,如何从世界的幻觉中醒来,才是我们真正要面对的课题。

如果我们可以从世界的幻觉中醒来,那么所有的情绪勒索将不再是勒索,而是旅程中的烟火,是归途中的助力。

为何而来?

我们并不是要成为圣人,而是成为一个对自己负责的人。当我们能够超脱在这些游戏之外,才能拿回人生的主导权,看清楚你为何而来?这一生,你为何而来?

我们是来受苦的吗?是的!

我们是来享乐的吗?是的!

我们是来开心的吗?是的!

我们是来悲伤的吗?是的!

我们是来经验所有这世界可以经验的一切。

但最后还是得了解到,这样的快乐、伤悲、享乐与痛苦,都是脑袋中化学物质刺激的结果,我们的内在平安是永恒的。当我们清楚来此的原因,这些路上的风景,不过就是增添生命的精彩罢了!

在一本书中，有一段话说得非常好：

人生有两条不同的道路。如果依照社会的要求做自己不喜欢的事，就是追求别人的目标。你会拥有丰富的经验，越做越好，担负更多的责任。你做更多你不喜欢的事，便会觉得生活越来越缺乏意义和成就感。

要追求自己的目标，就要先做自己喜欢且有意义的事。而你的生活就会越来越有成就，你的满足感也会给整个世界带来益处。

所以，清楚你自己为何而来，把焦点放在你的生命之路上，这样才是真正超脱情绪勒索的方法。

正念能量的心灵练习

连接本源的冥想,让自己和世界充满能量

+

首先请你安静地坐下来,

深吸一口气,慢慢地吐出来,

恍如你可以在眼前看见一轮明亮的太阳,

那照下的阳光,

它的光亮刚刚好,

你感觉自己在阳光的笼罩下,

温暖而安全。

你的注意力就像一盏探照灯,

焦点所在的地方,

你会为它注入光。

现在请你用内在的眼睛,

扫描自己的身体,

为它注入光,

让自己放松。

当你放松，将更能打开内在的眼睛，

与你的大我连接，

融入你的灵魂，

进入向上的旅程。

把注意力放在你的头上，

放松你的颅腔，

为它注入光，

放松你的胸腔，你的下巴，

脸部的肌肉，嘴巴周围的肌肉，

眼睛周围的肌肉，

放松你的肩膀，肩颈，

想象你脑后的区域打开一个窗口，

让更大的能量流动，

感觉胸腔的放松，

放松你的横膈膜，你的背，

你的上臂，手指关节，

前臂，手掌，以及手指头，

放松你的腹部，你的胃，你的肠，

放松你所有的腹部器官，

放松你的骨盆，你的大腿，

膝盖，小腿，脚掌，脚背，脚趾头，

让自己全身放轻松。

再次地深吸一口气,

感觉自己吸入更多的光,

把光引进你每一个器官,

仿佛你吸气的时候,吸入光,

光的粒子,通过你的呼吸,进入你的血液,

通过血液循环,进入你全身的细胞,

你全身的细胞,经过光的润泽,

显得晶莹透亮。

你释放一切不再适合你的能量,

将腾出的空间,用光充满。

你感觉非常的温暖安全,

你能放下所有烦琐的俗世,

进入纯然的宁静与自在。

你的每一次呼吸,都为自己吸入更多的光,

你感觉自己越来越放松,

越来越充满光,

你的灵魂是光,

它是一股巨大的能量,

向你靠近,将你包围,

把你浸润在它纯然的爱和光之中,

你感觉非常的温暖安全。

通过灵魂的眼睛,

感受能量在彼此之间流转、交融、相互共振,

形成一个美丽巨大的明亮光圈,

所有人与这个能量合而为一。

你可以带着充满能量的感受,开始让自己慢慢回来,

当你完全回来,

你可以慢慢地睁开眼睛,动动四肢,

完全地清醒过来。